情報技術が拓く人間理解

仁科エミ・辰己丈夫

情報技術が拓く人間理解（'20）

装丁・ブックデザイン：畑中　猛

o-30

まえがき

　まだ出逢ったことのないもの，新しいものは，多くの場合，とても魅力的です。新しい道具，新しいサービス，新しいデザイン，新しい食べ物，そして新しい技術……。情報技術はまさにそうした「新しいもの」の典型で，これまでにないさまざまな恩恵を私たちにもたらし，さらに大きな可能性も期待させます。一方，カタカナ表記や略号をまとって次々と登場するたくさんの情報技術に対して，無条件で飛びついて大丈夫だろうか，ついていけるだろうかといった，漠然とした不安を感じている方もおられるかもしれません。

　たとえば，新しい合成食品や薬品が実用に供されようとする前には，それらが人間に侵害的な影響を及ぼさないかどうか，「人間」の側から厳しく吟味されます。なぜなら，食品や薬品などの「物質環境」に対する私たちの適応可能性に明瞭な限界があることが，現代社会の共通認識になっているからです。それに対して，「情報環境」については，利便性，経済性あるいは新規性の側面が重視されがちで，人間にとって適応可能か，安全であるか，といった人間側の視点に立った検討はまだ十分とは言えないように思われます。

　本書は，放送大学総合科目『情報技術が拓く人間理解』の印刷教材です。この科目では，上記の問題意識もふまえつつ「情報技術」と「人間」とのかかわりについて多角的に学びます。新しい情報技術によって人間とはどういう生物であるかについて急速に解き明かされつつあることと，情報技術が人間の行動や人間社会に大きな影響を及ぼしつつあること，そして情報技術のなかには人間の情報処理メカニズムを参照しながら発達してきたものがあり，それらによって人間への理解がさら深化し

つつあることなどを，幅広くみていくことにしました。

　本書は，全体として大きく3つのパートから構成されています。

　第一のパートでは，情報技術によって明らかにされつつある人間の体内での情報処理の仕組について，遺伝子と脳の働きを中心に，情報学の視点も織り込みながら解説します。情報を利用しなければ生物が生存できないことが，よくわかるでしょう。すこし取りつきにくいかもしれませんが，これらは生物としての人間に対する理解の基礎となります。

　第二のパートは，情報技術が人と人とのコミュニケーションや学習などの行動にどのような影響を及ぼし，私たちの日常生活や社会のあり方を変えつつあるかについて，実例の紹介を踏まえながら考察します。人間同士が情報を利用していることがわかるでしょう。

　第三のパートでは，人間の情報処理機能についての研究を背景にして発達しつつある新しい情報技術として，ロボット，データサイエンス，人工知能などを取り上げます。それらは，人間理解と情報技術との密接な相互作用を端的に示しています。ここでは，人間が情報を利用して機械と対話していること，そして，機械が人間の情報活用をどのように代行しているかがわかります。

　このような多角的な内容を学ぶことによって，情報技術についての理解が深化することを期待しています。

2019年10月

仁科　エミ

辰己　丈夫

目次

1 | 科目の全体像

仁科エミ・辰己丈夫

《**目標&ポイント**》 情報通信技術の進展は，私たちの社会生活を大きく変貌させ，そのなかで生きる人間の思考・行動にも大きな影響を及ぼしている。同時に，情報通信技術によって，生物としての人間の情報処理の仕組も明らかにされつつある。情報通信技術が実現しつつある「人間理解」の深まりと広がりを捉えようというこの科目のねらいと全体像，基本的な視座を概説する。
《**キーワード**》 情報通信技術，情報環境，人間理解

1. 情報技術と私たち（歴史的な振り返り）

　私たち人間社会において，計算が果たしてきた役割は大きい。古くは，ギリシャの数学者，ターレスが，相似を使ってピラミッドの高さを求めたと言われている。一方，中国では紀元前2000年ころから，占星術において数学的な計算が必要とされており，そのため，主に整数の計算技法が発達していた。また，農業や漁業，そして，通貨を用いる貨幣経済においては，計算は不可欠な作業であった。日本では，江戸時代には和算が確立され，難しい計算問題を解いた者は，その計算を算額と呼ばれる木板に記し，寺社に奉納していた。このように，知的活動としての計算も，発達していた。

　18世紀になると，蒸気機関や，活字を利用した印刷技術，自動織機の普及などに伴い，誰もが同じ方法を利用すれば同じ結果を得ることができる，「一般化された手法である計算」によって，工業技術が発展した。また，そのような発展を背景として，軍事技術にも計算は多く用いられ

るようになった。

　1900年，パリで開かれた国際数学者会議において，数学者のデビット・ヒルベルトは，20世紀の間に解決すべき数学の問題を複数提示した，そのうち，第10問題の解決に必要な作業として，1930年代に机上の（紙上の）計算機（コンピュータ）が設計された。また，第2次世界大戦の最中には，砲弾の弾道計算や，新型爆弾の設計，そして敵軍の暗号解読などに，多くの計算が必要とされ，やがて，電子計算機，すなわち，現在我々がコンピュータと呼んでいる機械が発明された。

　第2次世界大戦が終了した1950年代には，大型コンピュータが登場し，やがて，それらは小型化され，20世紀の終わりごろには個人の活動を広範に支援するパーソナルコンピュータとして広く社会に浸透した。その後，2007年ころからは，スマートフォンやタブレットといった情報機器が普及していった。

　ところで，1960年代後半からは，情報ネットワークの基本的な技術も発展した。特に，アメリカ国防高等研究計画局(ARPA)が設定した研究補助金を利用して，現在のインターネットの基礎技術が作られ始めた。そして，1990年代には，インターネットの商業的な利用が解禁され，世界中にインターネットが普及した。

　このように，情報技術は私たちの社会をさらに急速に，しかも劇的に変貌させている。

2．情報技術が変革する人間への理解

　情報技術によって，情報技術を開発し使用する〈人間〉そのものについて，その理解が深化したことは見逃せない。私たちが生きていくうえで重要な働きをしている生体内での情報伝達，たとえば遺伝情報や脳で

の情報伝達の仕組みが解明され，これまでに考えられなかったようなその応用が実現しつつある。また，ユビキタスコンピューティング，ライフログ技術，IoT（Internet of Things）環境，ビッグデータなど，新たな情報技術を駆使することにより，私たちのコミュニケーションや社会行動の多くの側面での変化は加速の度合を高めている。

一方，情報通信技術がいかに発展しようとも，それを利用する人間の生命現象としての情報処理のあり方はそれほど大きくは変わらないことも，情報技術によって明らかにされつつある。そうした新しい技術に対して，私たちはどれほど適応していくことが可能なのだろうか。

本書では，情報通信技術の発展が個人や社会にもたらしつつある変化やその将来を展望するとともに，情報通信技術が明らかにしつつある人間の情報処理の特性について学ぶ。**変化**と**不変**とをともに視野に収めることによって，激変しつつある情報環境に対応する基礎的な視座を養うことを目的とする。

このような本書の幅広い学際的なテーマを理解するためには，情報技術のみならず生物学・脳科学などの自然科学から社会科学に及ぶ多様な領域の知識が必要となる。しかし，複数の領域の専門用語や数式などを理解することは容易ではない。

そうした専門の壁を乗り越える分野超越型のアプローチをするうえで，「**パラダイムをインタフェースにした専門概念の獲得**」は威力を発揮する。ここでいうパラダイムとは科学史家のトマス・クーンが提唱した概念で，学問の枠組みのことをいう。クーンは，科学という人間の営みは，「通常科学」と「科学革命」というふたつの質的に異なる営みに分類できると指摘した。科学革命とは学問の枠組みすなわちパラダイムをつくることであり，通常科学とはそのパラダイムの上にさまざまな知見を積み上げて発展させていくことを意味する。そして，通常科学とし

ての専門領域では特殊な概念や専門用語が使われるのに対して，パラダイムは専門性を超えたすべての分野に通じる一般的で共通の概念で必ず説明することができる。つまり，パラダイムであれば門外漢であっても理解しやすく，パラダイムに相当する概念の枠組みを学ぶことによって，未知の専門分野を理解する糸口を得ることができる。本書の多領域にわたる内容について，こうした点にも注目して学習してほしい。

3．本書の構成

　本書ではまず，情報技術が明らかにした生物としての人間についての知見を紹介する。**第2章，第3章**は，遺伝情報に基づく人間理解について述べる。人間は自身の遺伝情報を，細胞内のDNAの塩基配列として保持している。そして，必要に応じてDNAから遺伝情報を読み取り，実際の機能構造体であるタンパク質を合成し，自らを維持している。また，遺伝情報は子にも伝達され，自己の複製が行われる。このような遺伝情報の保持，発現，伝達について**第2章「遺伝情報の基本原理」**で解説する。さらに，人間の遺伝情報が解読され，人間という生物集団の遺伝情報の特性が解明されつつある。現在では，個人の遺伝情報も詳しく調べることができるようになり，個性をつくり出す様々な遺伝性の特徴についても部分的に明らかになってきた。**第3章「遺伝情報からの人間理解」**ではこれらの点について概説し，こうした知識の応用への期待と問題点についても述べる。

　第4章～第6章では，主として生体内での情報の働きについて概説する。**第4章「生命体のなかでの情報の働き」**では，DNAの分子認識，分子認識による細胞内での情報通信，ホルモン伝達による細胞間の通信，それらが進化して実現した神経伝達の仕組みについて，「情報通信」

という観点から整理する。さらに，遺伝子発現の仕組みを通して，生物にとっての「適応」の意味を考察する。**第5章「イメージング技術が描き出す脳内情報伝達」**では，人間理解の重要な側面を成す脳機能について，脳の働きを画像化して描き出すイメージング技術など脳研究手法と，それによって明らかになった脳の構造と機能について述べる。さらに脳科学の成果を医療以外の領域に応用する試みを紹介し，その射程を考える。**第6章「視聴覚情報メディアの発展と人間の応答」**では，情報技術による人間理解が先導しつつある「人にやさしい」視聴覚メディア技術開発について，オーディオメディア技術の歩みの例を紹介し，その可能性を考察する。

　続いて，情報技術が人間のコミュニケーションや社会活動に及ぼす影響について考察する。**第7章「非言語行動に着目した会話インタラクションの理解」**では，ミーティング，立ち話といった人同士の会話の状況を，発話交代，身振り・手ぶり，視線変化といった非言語行動から理解する情報技術を解説する。ミーティング記録やロボット設計への応用についても紹介する。**第8章「ライフログ技術を使った社会活動の理解と活用」**では，個々人の日常生活の映像，音声，行動履歴などを記録するライフログ技術を解説する。基盤となるユビキタスコンピューティング技術，画像処理技術について触れ，社会活動理解への応用についても紹介する。**第9章「博物館・美術館での情報技術の利用と展開」**では，従来は古いモノの集積と展示の場と考えられてきた博物館・美術館が，情報技術の導入によって知識の流通や創造の場と生まれ変わりつつある状況を，展示見学のガイドシステムや情報技術を活用したワークショップの事例を通じて紹介する。**第10章「人間の学習行動と学習環境のデザイン」**では，情報技術と学習との関係をとりあげる。情報通信技術の普及に伴い，先進的なコミュニケーションシステムを活用した学習やオー

プンエデュケーションなど学習環境も大きく変化をしてきている。その学習環境のデザインには，人間の学習スタイルやプロセスが大きく関わっている。これらの点について概説し，今後の学習環境について考察する。

　第11章以降では，人間にかかわる先端的な情報技術とその社会影響について紹介する。**第11章**「**人間を理解するためのロボット**」では，人間の知的行動を工学的に再現しようとする試みがロボットのルーツとなっていることに注目する。身体，知覚，行動など，人間をどのように分析しロボットが開発されてきたのかについて，最先端のロボティックスを紹介しながら俯瞰的に解説する。**第12章**「**データサイエンス・ビッグデータ**」では，IoT で得られる多量のデータ（ビッグデータ）を解析することで，「人間」を読み解くデータサイエンスについて解説する。データ分析の考え方を初歩的な内容から説明し，データサイエンスの入門とする。またビッグデータの定義，IoT の状況，仕組みについて述べる。**第13章**「**データクレンジング・人工知能の登場と倫理**」では，ビッグデータを解析する上で必要となる，データの形式を整えるデータクレンジングについて述べる。また，データ分析を行う際の倫理的な問題点，人工知能の開発の歴史的な経緯と社会への影響について述べる。**第14章**「**人工知能の活用と人間理解**」では，人工知能は，これまでのデータ理解のための方法とは全く異なる方法を利用して，対象を類別することができるように研究が進められていることに注目する。本書でこれまでに学んだ手法と人工知能の活用による人間理解とがどのように異なるかを述べる。

　最後の**第15章**では，これまでの内容を踏まえて，情報技術と人間とのかかわりについての課題を考察し，将来を展望する。

1）次の情報通信技術について，その成り立ちと現在の状況について自
分なりに調べてみよう。

コンピュータ　インターネット　IoT　ビッグデータ　人工知能

2）次のキーワードについて，インターネットなどを使って調べてみよ
う。

遺伝子　脳　進化　適応

2 | 遺伝情報の基本原理

二河成男

《**目標&ポイント**》 人を含む生物は，組織化された構造であるだけでなく，情報の担体でもある。生物は，自身の設計図や環境の変化への応答システムといったものを遺伝情報として保持し，活用し，伝達し，さらには進化というしくみを利用して，多様で環境に適応するものへと改良している。ここでは情報としての生物に着目し，遺伝情報が記されている DNA から，どのように情報が読み取られ，機能分子であるタンパク質が合成されるのか。そして，どのような方法で DNA に記された遺伝情報が変化して，人を含む多様な生物が生じるのかを紹介する。

《**キーワード**》 DNA，タンパク質，デオキシリボヌクレオチド，塩基配列，遺伝子，アミノ酸，コドン，転写，翻訳，突然変異，多様性，進化

1. DNA と遺伝情報

　生物の遺伝情報は **DNA** という物質に記述されている。では，その**遺伝情報**がどのような形で DNA に記されているのであろうか。記されている情報は，**タンパク質**という物質を合成するための設計図である。DNA は生命の設計図とよくいわれる。よって，生物の形，成長の順番，行動の方法などが記述されていると考えるかもしれないが，そのようなものが直接記述されているわけではない。突き詰めれば，生物の活動は化学物質の反応であり，その反応を制御する物質がタンパク質である。したがって，生物では，1つ1つのタンパク質を正しく合成し，さらに合成する時期や場所，あるいは量などを正確に制御すれば，自ずと特定

の形が形成され，決まった順序で成長し，決まった行動をするようにできている。これはある種の自己組織化であり，分子が自発的に生物をつくり出しているともいえる。ただし，どのような仕組みで組織化されるのかは，実際のところはよくわかっていない。ここでは，DNAがどのような物質であるか，そしてどのようにDNA上にタンパク質の情報が記されているのか，さらに生物はその情報をどのように読み取るのかといった，基本的なことを説明する。

2．分子としてのDNA

（1）デオキシリボヌクレオチドからなるDNA

DNAの分子としての特徴の1つはその長さにある。生物のからだは細胞という小さな構造が集まってできている。例えば，ヒトの成人は30兆あるいは60兆個の細胞からなるといわれている。そして，その**細胞**の中の**核**という構造の中に，ヒトの遺伝情報を保持するDNAが収納されている。それらは46本にわかれており，各々を**染色体**ともいう。これらのDNAは伸ばすとその長さは平均4.5 cm程度，最も長いもので8 cmとなる。実際には直径10マイクロメートルかそれより小さい核の中に折り畳まれて収納されている。また，DNAは**二重らせん構造**という特徴的な立体構造をとることでも知られている。

DNA（デオキシリボ核酸）は，炭素，酸素，窒素，水素，リンの5種類の元素からなる。そして，その長い構造は小さな "ユニット" が，分岐することなく数珠つなぎにつながることによって生じる。このようなユニットが連なる構造は，生物が利用する他の分子やより大きな構造でも見られ，生物的な特徴の1つとも言える。DNAにおいてユニット

に相当する構造は，**デオキシリボヌクレオチド**という物質である。さらにこの 1 つのユニットも 3 つの部位からなる。それは，**リン酸基，糖，塩基**である。注目してもらいたいのは，この塩基の部位である。ここにDNA が遺伝情報を保持するための仕組みが詰まっている。

　生物が合成する DNA では 4 種類の塩基が使われている。その 4 種類は，**アデニン，チミン，グアニン，シトシン**である。それぞれ英語で記述した場合の頭文字を使って，A，T，G，C と表現することも多い（小文字の場合もある）。DNA のユニットを形成する**デオキシリボヌクレオチド**では，リン酸基と糖（デオキシリボース）の部分は共通している（図 2-1）。そして，DNA のユニット間の結合は，隣り合うユニットの糖とリン酸基が結合する。よって，DNA は，リン酸基，糖，リン酸基，糖・・・というように，この 2 つの部位が繰り返す。そして，その各ユニットの糖のところに A，T，G，C のどれかの塩基が結合している（このような連なった構造をポリヌクレオチド鎖という）。よって，塩基以外の部分は DNA によらず共通なので，DNA の塩基の並び（**塩基配列**）に遺伝情報が記されていると見ることができる。

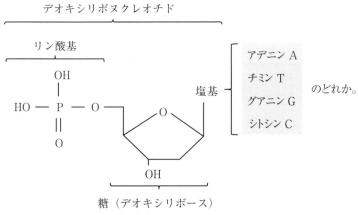

図 2-1　**デオキシリボヌクレオチドとその塩基**

（2） 塩基対の形成

　もう一つ DNA の塩基に見られる特徴は，**塩基対**の形成である。塩基対の形成とは，特定の塩基と塩基の間で水素結合という比較的弱い結合を形成することをいう。DNA の塩基の場合，**アデニン（A）とチミン（T）の対**か，**グアニン（G）とシトシン（C）の対**でのみ，塩基対を形成できる。そして，DNA の場合，この塩基対を形成する塩基は同じポリヌクレオチド鎖の塩基ではなく，別のポリヌクレオチド鎖の塩基である。そのため DNA は二本鎖の構造となり，二重らせん構造を示す（図2-2）。

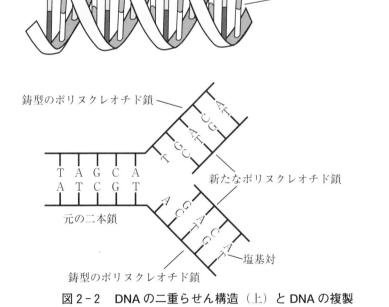

図2-2　**DNA の二重らせん構造（上）と DNA の複製**

　この塩基対の形成は DNA に相補性という性質をもたらす。この性質によって，一方のポリヌクレオチド鎖の塩基の並び（塩基配列）が決まれば，もう一方の塩基対を形成するポリヌクレオチド鎖の塩基配列も自ずと決まることになる。また，DNA はその複製の際にこの塩基対を利用する。1 つの細胞が 2 つに細胞分裂することによって，細胞は増殖する。細胞分裂の際には DNA も複製され，全く同じ塩基配列をもつ二本鎖 DNA が，新たに生じる 2 つの細胞に分配される。

　DNA の複製では，まず塩基対を形成する鋳型となる二本鎖 DNA の塩基対を順に外して，一本鎖にする（図 2-2）。そして一本鎖になった DNA と塩基対を形成するデオキシリボヌクレオチドを酵素（DNA ポリメラーゼ）によって付加し，相補的な新たなポリヌクレオチド鎖が形成され，二本鎖となる。この相補性のため，複製によって生じる 2 つの DNA が全く同じ塩基配列をもつことになる。

3. 遺伝子と DNA

(1) タンパク質を構成するアミノ酸

　DNA の塩基配列には，**タンパク質**を正しく合成するための情報が記されている。つまり，A，T，G，C の並びに，タンパク質の情報が記されている。まずはタンパク質がどのようなものかを確認しておこう。タンパク質は細胞の中で様々な役割を担っている。酵素として化学反応を触媒するもの，細胞の構造を維持するもの，細胞間や細胞内の情報伝達に働くもの，その他細胞内の多くの機能がタンパク質によって担われている。ヒトの場合，2 万種類程度のタンパク質の情報が細胞内の DNA に保持されている。DNA を情報分子とするとタンパク質は機能分子になる。

タンパク質も DNA ほどで
はないが，大きい分子（高分
子）である。構成元素も似て
おり，タンパク質は炭素，酸
素，窒素，水素，硫黄からな
る。また，ユニットが数珠つ

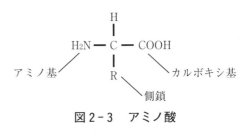

図 2-3　アミノ酸

なぎとなっている点も類似している。ただし，DNA とは異なり**アミノ
酸**がユニットとなる。アミノ酸では，アミノ基，カルボキシ基，側鎖の
３つの部位から１つのユニットが形成される（図2-3）。そして，タン
パク質に用いられるアミノ酸は20種類あり，これらは側鎖の部位に違い
がある。この側鎖の構造や構成する元素によって，アミノ酸の化学的な
性質に違いが生じる。ユニット間の結合はカルボキシ基とアミノ基の間
で生じる。

タンパク質ではその種類ごとに，20種類のアミノ酸がある決まった順
番で並んでいる。このアミノ酸が正しく並べられることによって，タン
パク質としての機能を発揮することができる。そして，この各タンパク
質のアミノ酸の並びが，DNA に記述されている。では，４種類の塩基
で20種類のアミノ酸がどのように記述されているかを見ていこう。

（2）アミノ酸とコドン

ヒトの場合，１つのタンパク質において，平均すると500程度のアミ
ノ酸が連なっている。このアミノ酸の１つ１つが20種類のどれであるか
が，DNA に記載されている。そのため，各アミノ酸の情報は，DNA
では塩基の並び（塩基配列）で表現されている。例えば，コンピュータ
の世界では，アルファベット，英数字，一部の記号は，７桁の２進数が

割れ当てられている。B であれば，1000010となる。これは**文字コード**とよばれ，文字とデジタルデータが正確に対応している。

　生物の場合，アミノ酸と DNA を結びつける，生物に共通するコードが存在する。これを**遺伝暗号**あるいは遺伝コードという（表2-1）。遺伝暗号の場合，1つのアミノ酸は3つの塩基の並びと対応が付けられている（3桁の4進数と見ることもできる）。そしてこの3つの塩基の並びを**コドン**という。例えば，グルタミン酸というアミノ酸の遺伝暗号は，GAA と GAG の2つの塩基配列である。よって，グルタミン酸のコドンは GAA と GAG となる。塩基は4種類あるので，4 × 4 × 4 ＝64通りのコドンが存在し，そのうちの61にはそれぞれ20種類のアミノ酸のうちのどれか1つだけが割り当てられている。残りの3つのコドンは終止コドンといい，アミノ酸ではなく1つのタンパク質の合成の終了を指示する情報をコードしている。

表2-1　コドン表

		第2文字				
		U	C	A	G	
第1文字	U	UUU UUC } フェニルアラニン UUA UUG } ロイシン	UCU UCC UCA UCG } セリン	UAU UAC } チロシン UAA UAG } （終止）	UGU UGC } システイン UGA } （終止） UGG } トリプトファン	U C A G
	C	CUU CUC CUA CUG } ロイシン	CCU CCC CCA CCG } プロリン	CAU CAC } ヒスチジン CAA CAG } グルタミン	CGU CGC CGA CGG } アルギニン	U C A G
	A	AUU AUC } イソロイシン AUA AUG } メチオニン（開始）	ACU ACC ACA ACG } トレオニン	AAU AAC } アスパラギン AAA AAG } リシン	AGU AGC } セリン AGA AGG } アルギニン	U C A G
	G	GUU GUC GUA GUG } バリン	GCU GCC GCA GCG } アラニン	GAU GAC } アスパラギン酸 GAA GAG } グルタミン酸	GGU GGC GGA GGG } グリシン	U C A G

コドンは RNA の塩基で表記するため，T が U になる。（**第2章4参照**）

（3）遺伝子

　次に，平均500ものアミノ酸をどう正しく並べるかが問題になる。これはタンパク質のアミノ酸の順序と同じように，DNAの塩基配列上にコドンが順に並ぶことによって解決できる（図2-4）。このような1種類のタンパク質のアミノ酸配列の情報をもつDNAの領域を**遺伝子**という（図2-4）。ヒトのDNAには，2万種類ほどのタンパク質の情報があるのでこのような遺伝子という領域が約2万か所あることになる。ただし，遺伝子という領域はタンパク質だけでなくRNAという分子の情報をコードしている領域もあり，それも含めて遺伝子という。

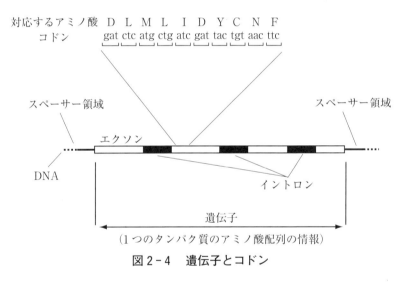

図2-4　遺伝子とコドン

4．遺伝子からタンパク質へ

　細胞は，遺伝子に記された情報を読み取って，タンパク質を合成する。ただし，細胞は，DNAを鋳型として直接タンパク質を合成することは

できない。まずは DNA に記された遺伝子の塩基配列を **RNA** という分子に写し取る必要がある。これを**転写**という。そして，その写し取ったRNA の塩基配列情報からアミノ酸配列の情報を読み取ってタンパク質を合成する。これを**翻訳**という。例えると，コンピュータなどの情報機器において二次記憶装置であるハードディスクドライブ（HDD）に情報があり，そこから一次記憶装置のメモリに必要な情報をコピーして演算に利用することと類似している。HDD にある情報が DNA に記された情報であり，メモリにコピーした情報が RNA に写し取られた情報になる。そして，メモリの情報から実際の演算が行われ，結果が得られる。

（1）転写

　転写は DNA の塩基配列に記された遺伝子の領域を RNA に写し取る反応である（図2-5）。これは RNA ポリメラーゼという酵素が行う。各遺伝子のタンパク質のアミノ酸配列情報が記されている先端部に，RNAポリメラーゼが結合する。そして，DNA を鋳型として，塩基の相補性を利用して，この RNA にタンパク質の合成に必要な情報を写し取る。この RNA をメッセンジャー RNA（**mRNA**）という。

　RNA は DNA とよく似た分子である。違いの 1 つは糖の部分であり，DNA ではデオキシリボースのところが RNA ではリボースとなる。ただし，酸素原子の数が 1 つ多くなるだけである。さらに，4 つの塩基のうち，DNA ではチミン（T）のところが，RNA ではウラシル（U）となる。両者は同じ役割を担っており，ウラシル（U）が塩基対を形成するのもアデニン（A）である。よって，鋳型となる DNA が ATCG という塩基配列であれば，RNA ポリメラーゼは，UAGC という転写産物を合成する。RNA は一本鎖 DNA や一本鎖 RNA 同士で塩基対を形成する

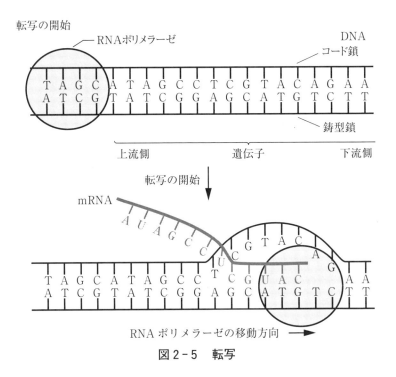

図 2 - 5　転写

こともできるが，その状態は安定な状態ではない。よって多くの場合，RNA は一本鎖として存在する。

（2）翻訳

　次に，mRNA の情報からタンパク質を合成する必要がある。この**翻訳**という反応を行うのは**リボソーム**という構造である。この構造で鋳型となる mRNA に沿ってコドンを読み取り，対応するアミノ酸を結合していく（図2-6）。この反応にはリボソーム以外にも，様々なタンパク質や RNA が関わっている。その一つがトランスファー RNA（tRNA）である。tRNA には，mRNA のコドンと塩基対を形成する相補的な部

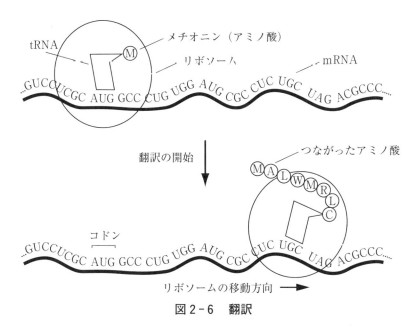

図2-6 翻訳

位と，コドンに対応するアミノ酸を結合する部位がある。そして，リボソームは mRNA のコドンと tRNA の相補性を利用して，対応するアミノ酸をもつ tRNA を取り込み，そのアミノ酸を順につなげ，mRNA のコドンの順番通りにアミノ酸が並んだタンパク質を合成する。

（3） 転写の調節

　細胞は，その内部に保持する遺伝子すべてを常に使うわけではない。必要な時に特定のタンパク質を合成し，不要な時は転写自体を抑制している。例えば，植物や動物では空間的な制御がなされており，器官によって使われている遺伝子が異なる。また，時間的な制御もなされており，細胞分裂のある段階，あるいは成長のある時期に使われるといったこともある。環境や状態の変化に応じて，切り替わる遺伝子もある。

DNA の修復に関わるタンパク質などは，細胞の DNA に異常が生じると合成が促進される。

　これらの制御のしくみは多様である。ここでは，転写の抑制とその解除による調節について大腸菌を例に説明しておこう。それはオペロン説といい，ジャコブとモノーが1961年に発表した（図2-7）。ここでは例として，ラクトース代謝系の遺伝子とその転写の制御を示す。ラクトースがない場合，この遺伝子の転写を開始する領域付近に転写抑制タンパク質（リプレッサー）が結合し，その結果 RNA ポリメラーゼは DNA に結合できず，転写が抑制される。ラクトースがある場合，転写抑制タンパク質はラクトースと結合し，その結果 DNA から解離する。そうすると RNA ポリメラーゼは DNA に結合でき，転写が行われ，ラクトー

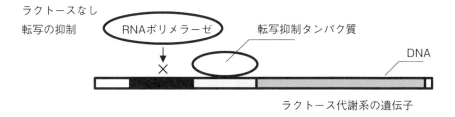

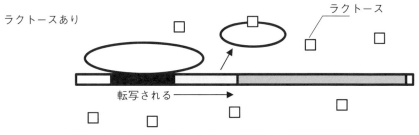

図2-7　オペロン説　ラクトースによる転写の制御
ラクトースなしの場合，転写抑制タンパク質が RNA ポリメラーゼの DNA への結合を妨げるため，転写できない。転写抑制タンパク質が DNA から離れると，RNA ポリメラーゼが DNA に結合し，転写が始まる。

ス代謝系のタンパク質が合成される。合成されたタンパク質がラクトースを分解するため，細胞内のラクトースの濃度はもとに戻り，転写抑制タンパク質に結合していたラクトースも外れ，再び元の DNA の位置に結合し，転写を抑制する。制御の仕組みは様々であるが，使われない遺伝子は何らかの形で抑制されており，それが必要な時に解除されてタンパク質が合成される。

　このように遺伝子はあればいいというものではなく，使用を制御する仕組みが必要であり，その制御は時間空間的に決まっている場合もあれば，状況に応じて変化するものもある。このような制御機構が，遺伝情報からなる生物の環境への適応力をもたらす。

5．ヒトの遺伝子とゲノムの構造

　大腸菌などの細菌の遺伝子では，1つのタンパク質のアミノ酸配列の情報は，DNA 上で連続する塩基配列に記されているが，動物や植物などの生物では，そこに**イントロン**というアミノ酸の情報をもたない塩基配列が入り込んでいる。そのため，アミノ酸の情報が記されている領域（**エキソン**）は分断されている（図2-4）。実際に遺伝子上の情報を読み取る際は，イントロンもエキソンも含めて RNA に転写される。その後，すみやかに RNA からイントロン部分は切り出され，アミノ酸配列の情報をもつエキソンがつながる。これは一見無駄なようにも思える。しかし，切り出されるイントロンが状況に応じて変化することにより，エキソンとして残る部位が部分的に変化し，1つの遺伝子から複数の部分的に異なるタンパク質を合成することができる。ヒトでは，タンパク質の情報を保持する遺伝子の9割で，エキソンの組み合わせが異なるものができる。ただし，これらの部分的な違いが実際の生命活動にどこま

で影響しているかは未知数の部分もある。

　もう一つ，細菌と動物や植物との違いは，DNA の全塩基配列のうち遺伝子の情報を含む割合である。例えば，大腸菌の場合，全体の 9 割近くに達する。一方，ヒトの場合，タンパク質の情報をもつ遺伝子は全体の 1 / 4 程度になる。RNA 分子の情報をもつ遺伝子を合わせても，全体の 3 割程度である。残りの部分は機能が予想できない領域である。さらに遺伝子の中で実際にタンパク質のアミノ酸配列の情報を含む領域は全塩基配列のわずか1.5%程度である。よって，遺伝子といっても多くはイントロンであり，エキソンがわずかに存在するという状態である。動物や植物の中でも，ヒトの DNA はこのような機能の特定されていない部分（**ジャンク DNA** という）を多く含んでいる。ただし，近年このような領域にも，遺伝子の転写などを制御する機能をもつ部分が複数あることがわかってきた。

6. 遺伝情報の変化

（1） 突然変異

　細胞の遺伝情報は変化しないように保存されているが，様々な状況によって変化する。例えば紫外線や特定の化学物質への曝露，あるいは DNA を複製する際にも誤った複製が起こり，元の塩基配列とは部分的に異なるものが生じる。これらの変化は**突然変異**という。多くの場合は細胞自身によって修復されるが，修復されないこともある。

　このような突然変異を細胞が蓄積していること自体に，それほど問題はない。その細胞が遺伝子やその転写調節に利用していない領域に起

こったものは何も影響を与えないし，細胞の機能を損なうような変化が起こっても，多くの場合はその細胞が機能を失うだけで，周りの細胞が正常であれば問題はない。ただし，細胞に異常な増殖を促すような突然変異が生じた場合は，その細胞が増殖して**腫瘍**を形成し，さらには悪性腫瘍となる可能性があり大きな問題となる。

（2）　遺伝情報の多様性と進化

　このように正常の状態に変化が起こり，異常な状態になることはその生物の個体にとって困ったことである。一方で，より長い時間，場合によっては100万年あるいはそれを超える時間の中で，DNA の塩基配列に変化が起こることは，生物が生き残る上で必要な仕組みである。生物のDNA の塩基配列を調べてみると，同一の種であっても個体ごとに遺伝情報がわずかずつ異なっている。このような**遺伝的な多様性**（DNA の塩基配列の個体差）があることが，環境などへの生物の適応に結びつく。

　生殖細胞に生じた突然変異に起因する DNA の変化は子孫へと伝わる。ただし，多くの変化はやがて失われていく。これは，いずれの生物でも，次世代を残すことができる個体は限られていることに起因する。しかし，中には徐々にその変化をもつ子孫を増やし，長期に渡って伝達され，最終的にその種のすべての個体がその変化を共有するようになることもある。このような生物の種の遺伝的な変化を生物学では進化という。

　ある DNA の変化をもつ個体の種内での割合が増す理由は，その DNAの変化が個体にとって生存や繁殖に有利なためである。生存や繁殖に有

利であれば，それだけ子孫を多く残せるので，その占める割合も増す。一方，不利なものは速やかに失われる。また，DNAの変化には生存や繁殖に有利でも不利でもない中立なものも多数あり，それらは偶然に左右されるが，一部はその割合を増す。

　このように突然変異に起因する遺伝的な変化を元に，その中から生存や繁殖に有利な変化が年月を経て蓄積されることによって，環境などへの生物の適応が生じる。そして，生物の種類ごとに，生息あるいは利用する環境が異なるため，何が生存に有利であるかも独自のものとなる。よって，同じ祖先に由来したとしても，各生物の遺伝情報にわずかな違いが徐々に積み重なっていく。このような過程によって，独自の環境に適応し，多様な生物が生じた。

　以上のように，遺伝情報は静的な面と動的な面をもっている。ヒトの遺伝情報であれば，それをもとに，ヒトという生物が生じ，別の生物となることはない。親から子へはほぼ完全なコピーを伝達する。一方で，何世代と時間はかかるが，人を含め生物は，生存や繁殖に貢献する変化はある意味積極的に，生存や繁殖に悪影響を与えない変化は流れに任せて受け入れて，その遺伝情報を変化させていく。そして，35億年以上かけて，このDNAの塩基の並びという一見単純な仕組みから，現在の高度な生物多様性が生じた。

参考文献

中村桂子　松原健一（監訳）『エッセンシャル細胞生物学　原著第 4 版』南江堂（2016）

中村桂子　松原健一（監訳）『細胞の分子生物学　第 6 版』ニュートンプレス（2017）

二河成男（編）『改訂版　生命分子と細胞の科学』放送大学教育振興会（2019）

池内昌彦ら（監訳）『エッセンシャル・キャンベル生物学　原書 6 版』丸善出版（2016）

D・サダヴァら（著），石崎泰樹，斎藤成也（監訳）『カラー図解　アメリカ版　大学生物学の教科書　第 4 巻　進化生物学』講談社（2014）

学習課題

1 ）DNA の分子としての特徴を調べてみよう。

2 ）タンパク質とアミノ酸の関係を調べてみよう。

3 ）遺伝子に記された情報がどのように読み取られて，タンパク質が合成されるか調べてみよう。

4 ）0 と 1 の数字で表されるデジタル情報と生物が DNA に記す遺伝情報の共通点と相違点を調べてみよう。

3 | 遺伝情報からの人間理解

二河成男

《**目標＆ポイント**》　人の遺伝情報が解読され，人という生物集団の遺伝情報の特性が解明されつつある。更に現在では，個人の遺伝情報も調べることができるようになり，個性をつくり出す様々な遺伝性の特徴についても部分的に明らかになってきた。これらの点について概説し，その利用に対する期待と問題点についても述べる。

《**キーワード**》　DNA 型鑑定，個体識別，親子判定，一塩基多型，ABO 式血液型，眼の色，身長，ゲノムワイド関連解析

1．DNA による識別

（1）個体識別や親子判定

　生物の種が異なれば，その遺伝情報にも違いがあり，その結果生物の形や性質にも違いが生じる。これは生物の種だけではなく，その個体にも言える。例えば，人の場合，血縁関係のない異なる個体の DNA の塩基配列を比較すると0.1％程度の違いがある。1000塩基に 1 塩基である。人の個体は約30億塩基対の 2 倍の遺伝情報からなることを考えると，量としてはかなりの違いになる。一方，人の個体は多数の細胞からなる。そして，これらの細胞は基本的に同じ DNA の塩基配列を有している。したがって，ある人の口内の粘膜から採取した細胞に由来する DNA の塩基配列と，同一人物の毛髪の根本に付着した細胞や血液中の細胞に含まれる DNA の塩基配列は一致する。また，それらの塩基配列を他人の細胞由来の DNA の塩基配列と十分な長さで比較すると，親子や兄弟姉

妹であっても違いが見られる（ただし，一卵性の双子は1つの受精卵に由来するため，遺伝情報は同一である）。

　このことを利用すると毛髪や組織片の DNA からその由来となった個体を同定することができる（**DNA 型鑑定**）。ただし，人の DNA の塩基配列には違いがよく見られる領域とそうでない領域がある。よって，実際に上記のような**個体識別**を正確かつ効率よく判定するには，個体間で違いがよく観察される STR（短鎖縦列反復配列，マイクロサテライト）という特徴をもつ領域を複数か所比較する必要がある（図3-1）。また，異なる個体と血縁関係にあるかどうかも DNA の塩基配列の情報から検出することが可能である。特に有効なのは，生物学的な親子関係の同定である（**親子判定，親子鑑定**）。人の親子の場合，子は各親の遺伝情報の半分ずつを遺伝により受け継ぐ。したがって，血縁関係にない個体間では違いが見られる部分でも，自身のどちらかの親の遺伝情報とは完全に一致する（図3-2）。したがって，異なる個体由来の細胞の遺伝情報を調べれば，比較した個体の遺伝的な関係が生物学的な親子にあたるかどうかを正確に推定できる。このような DNA の塩基配列を用いた個体識別や親子判定は，人を含む様々な生物で利用されている。

AACAGGATCAATGGATGCATAGGT **AGAT AGAT AGAT AGAT AGAT AGAT AGAT AGAT AGAT AGAT AGAT AGAT AGAT AGAC AGAC AGAC AGAC AGAC AGAC AGAC** GAGAGGGGATTTATTAGATT

図3-1　短鎖縦列反復配列（STR）領域の DNA 塩基配列
　STR は数塩基分の DNA が連続して反復した配列である。マイクロサテライトともいう。図示したのは D12S391と呼ばれる12番染色体上の4塩基の繰り返しをもつ STR（太字）。染色体ごとに10数個から20数個の間で繰り返し数が異なる。

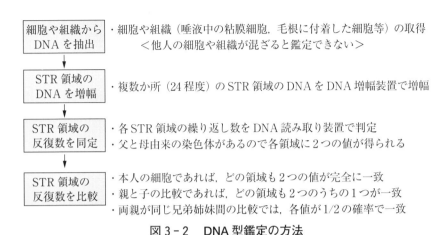

図 3-2　DNA 型鑑定の方法

　ただし，兄弟姉妹やそれ以上の離れた血縁関係を間違いなく同定することは難しい。兄弟姉妹の場合，その生物学的な両親の塩基配列も調べられれば，正確に推定することができる。ところが，両親の遺伝情報が得られない場合は，血縁関係にはあることはわかるが，それが兄弟姉妹か他の血縁関係かを区別しにくい場合もある。親子の関係の場合，どの部分を調べても子の遺伝情報の半分は必ず一方の親と一致する。一方，同じ両親に由来する兄弟姉妹の間を比較した時，平均すると1/2が一致するだけであって，ある特定の兄弟姉妹を比較しても1/2が一致するわけではないためである。

（2）DNA から血縁者や祖先を探す

　このように個体がもつ DNA の情報から兄弟姉妹やいとこであることを誤りなしに推定することは簡単ではないが，いとこと同程度に類似しているといったことの予想は十分可能である。米国ではそのような個人消費者向けの有料サービスがある。自身の口内で自然に剥がれる**粘膜の**

上皮細胞を回収して送付し必要な費用を払うと，そこに含まれる DNA
の塩基配列を調べてくれる（図 3 - 3）。そして，既存の公開されている
情報や同じサービスを利用した他の登録者の DNA の情報と比較するこ
とによって，いくつかのことを自動的に調べることができる。1 つは，
遺伝的に近縁な登録者がいるかどうかである。見ず知らずの人がこのよ
うなサービスを通して，遠い親戚であると予測される場合がある。ま
た，近縁な人が見つからなくとも，自身の先祖のルーツを予想してくれ
る。どこの大陸に由来するかや，場合によってはより詳細な地域や民族
までたどれることもある。また，DNA の塩基配列の 1 / 4 はヨーロッパ
系で，残りは別の大陸にルーツがあるといったことも推定できる。ただ
し，できるだけであって，得られた結果がどれだけ確からしいものか，

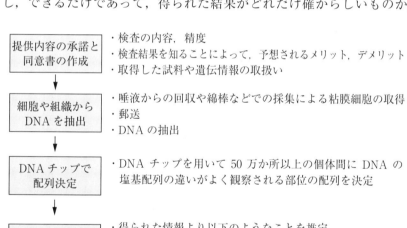

図 3 - 3　個人消費者向けの DNA 検査

あるいはそれの意味することは何かを理解するのは，専門的な知識も必要になる。

　このようなサービスを行っているある米国の会社では，2018年11月の段階で1000万人分を超えるDNAの塩基配列情報を集めたと報告している。これらのサービスを受けている人の8割以上がヨーロッパにルーツがある人達と言われている。ある研究グループの検証では，ヨーロッパ系の人であれば，100万人分のデータが集まれば，75％の人の三いとこ（曽祖父母の兄弟姉妹のひ孫）か更に近縁者を含むことになると予想している。このような個人消費者向けのサービスは複数あり，また，そこで得られた自身のデータを自由に登録できる公開型のデータベースもある（自由に登録，分析ができるだけで，遺伝情報が公開されるわけではない）。そこには100万人ほどのデータが登録され，自身のデータと比較して血縁者を探すことができる。

（3）被疑者の探索
　最近，このような個人DNAの塩基配列のデータベースを，事件の被疑者の特定に使用したという例が米国で報告されたので紹介しておこう。以前からも捜査機関によって，個人を特定するためにDNAの情報が利用されてきた。しかし，捜査機関が過去に何らかの理由で登録した情報しかなく，データが不十分であった。よって，上記のような大規模なデータを利用すれば，新たな手がかりが得られると考えられた。被疑者ら本人のDNAが登録されているわけではないので，直接目的の個人を同定することは難しい。しかし，血縁者をデータベースから見つけることは可能である。実際に，匿名を使い上記の公開型のデータベースに事件現場に残されていた組織のDNAの塩基情報を登録し，血縁関係に

ある登録者を探し出し（三いとこが登録していた），そこから被疑者を
絞り込み，逮捕に至ったのである（図3-4）。一方で，捜査の対象と
なった人の DNA を調べたところ，事件とは無関係であった（つまり無
関係な人が捜査の対象になった）という例もあり，DNA の情報だけに
頼ることはできない。このような形で DNA の情報を利用することに一
部では抵抗があるが，重大な犯罪に関わる場合にはやむを得ないという
アンケート調査の結果もある。（注：DNA 検査を実際に行う企業は，個人に許
可をとった上で製薬会社などへの匿名での情報提供を行っているところもあるが，
個人情報を含んでの提供は行っていない。）

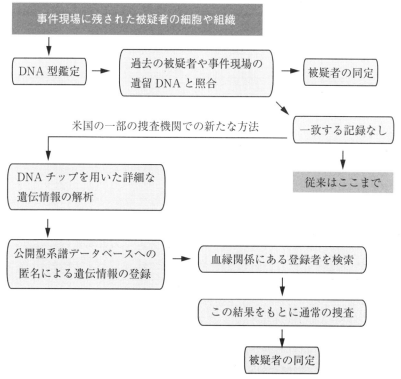

図 3-4　個人消費者向けの DNA 検査のデータを利用した被疑者の探索
　　　　（米国の例）

2．遺伝情報から予測する

　今後課題となるのが，遺伝情報からその生物の姿形や性質をどれだけ正確に予測できるのかという点である。植物の接ぎ木や挿し木，あるいは実験動物の交配などから，遺伝情報が一致あるいは類似している個体では，その姿形や性質がよく似ていることが知られている。同じ環境で育てた場合，区別がつかないほどよく似ることもある。ただし，環境等の条件が変われば大きく変化することもよくわかっている。これは実験生物ではなくとも，みなさんも全く同じ個体，自分自身でさえも年齢による変化，病気による変化，栄養の摂取状況や，トレーニング，あるいは学習によって変わることを知っているであろう。一方で，姿形や体質は成人になってしまえば，そう大きく変化しないものもある。遺伝情報が同じであれば姿形がよく類似するなら，遺伝情報を調べれば，その生物がどのような姿形や性質を示すか予想できそうな気もする。このようなことはある部分では成功しているが，ある部分では思ったような結果が得られていない。この違いは，特定の姿形や性質に関わる遺伝子数が少ないか多いかということが影響していることがわかってきた。

　同じ生物であれば同じ遺伝子のセットを有するが，個々の遺伝子が個体ごとに少しずつ違っている。このため個体差が生じる。そして，生物の姿形などの特徴は，1種類の遺伝子で決まるものもあれば，複数種類の遺伝子で決まるものもある。例えば，前者の例としてABO式血液型がよく知られており，後者の例でよく研究されているのは身長である。これらの具体例を説明する前に，DNAの塩基配列の個体差について確認しておこう。

ALDH2*1型アレル　……TACACTGAAGTGAAAACT……

ALDH2*2型アレル　……TACACTAAAGTGAAAACT……

第 12 番染色体の 111,803,962 番の塩基にある一塩基多型（rs671）
（rGRCh38.p12 版のヒトゲノムデータより）

図 3 - 5　一塩基多型の例　ヒトアセトアルデヒド脱水素酵素 2 遺伝子
遺伝子は細胞内に 2 コピー（両親に由来）あるため，各個体の矢印で示し
た一塩基多型の塩基の組合せは，AA，AG，GG の 3 種類になる。

　ある遺伝子の塩基配列を異なる個体で比較すると，ところどころその
塩基配列に違いがある。その違いで最も多いのが塩基の違いである。あ
る個体では G のところ，別の個体では A であるといったものである
（図3-5）。このような塩基が異なる場所を**一塩基多型**（**SNP**，スニップ）
という。また，塩基の挿入や欠失が見られる部位もあり，それは**インデ
ル**（**Indel**）という。これらの多くは先祖代々受け継いで来たもので，
新たに生じるものはわずかである。したがって，このような DNA 塩基
配列の個体差がある部位はある程度決まっており，その部分だけを調べ
ることができる。先程出てきた個人消費者向けの DNA 検査のサービス
や学術的な研究では，個体あたり50万もの一塩基多型を調べる検査がよ
く行われている。

3．単一の遺伝子に制御される形質

　ABO 式血液型は，ABO 遺伝子によって決まる。**ABO 遺伝子**は，**糖
転移酵素**というタンパク質の情報を保持する。この糖転移酵素は主に細

胞の表面に露出する糖鎖という構造の先端部にもう一つ糖を付加する役割をもつ。ただし，ABO遺伝子のDNAの塩基配列は，このタンパク質の機能の差異により，大きく3つのタイプに分けることができる。遺伝学では同じ遺伝子の異なるタイプを**アレル（対立遺伝子）**という。ABO遺伝子の場合，A，B，Oというアレルがある。これらのアレルは同じ種類のタンパク質の情報をもつが，そこから作られるタンパク質は機能が少し違ったものとなる。これはアレル間で塩基配列が少し異なり，その結果アミノ酸の配列にわずかな違いが生じるためである。いずれの遺伝子にもこのような異なるタイプ，アレルが存在する。

　ABO遺伝子では，Oに分類されるアレルから合成される酵素は糖をつなげることができない酵素である。Aは，Nアセチルグルコサミンという糖を付加する。Bはガラクトースという糖を付加する。そして，Oのタイプを作るアレルにも3種類あり，1つの例では261番目の塩基が1つだけ欠失している。このため正しい酵素が合成できなくなっている。比較したAとBのアレルの塩基配列には，複数か所に違いが見られる。その内の4か所，526番目，703番目，796番目，803番目の塩基の違いはいずれもタンパク質に翻訳した時にアミノ酸の違いとなる（表3-1）。このアミノ酸の違いが，各アレルから合成される酵素の機能を違ったものとする。

　各個体では，両親からそれぞれABO遺伝子のアレルが1つずつ伝達される。そして，細胞は両方のアレルから酵素を合成する。よって，各個体にあるABO遺伝子の2つのアレルは，6通りの組み合わせのうちどれかになる。両方共OのアレルであればABO式血液型はO型に，AとAあるいはAとOはA型，BとBあるいはBとOはB型，AとBであればAB型である。したがって，ABO遺伝子の上記の塩基配列が

表 3 - 1　ABO 式血液型に関わる ABO 遺伝子
の主なアレルとその一塩基多型

アミノ酸のコード領域の塩基の位置	2 2 5 6 7 7 8 9 6 9 2 5 0 9 0 3 1 7 6 7 3 6 3 0
A型のアレル（A101）	G A C C G C G G
B型のアレル（B101）	G G G T A A C A
O型のアレル（O01）	－ A C C G C G G

（－は塩基の欠失）

どの 2 つのアレルをもつかで ABO 式血液型が決まる。ただし A，B，O いずれのアレルも集団中には複数ある。

どのようになっているかを調べれば，この 6 通りのどれかを区別できる。そうすると，両親の血液型や実際の血液型あるいは ABO 遺伝子全体の塩基配列を調べなくとも，わずかな遺伝情報のみから血液型を予想できる。ただし，生物には基本的に例外があり，この場合も上記の組み合わせでは推定できない特殊なアレルもある。例えば，O に分類されるアレルの中には，別の塩基配列からなるものも集団中に低頻度で存在する。

4．複数の遺伝子に制御される形質

（1）眼，頭髪，肌の色

　複数種類の遺伝子に影響を受ける性質や特徴がある。比較的少ない種類の遺伝子に影響を受けるものとしてよく知られているのは，眼（虹彩），頭髪，肌の色である。眼や頭髪の色の個体差は，ヨーロッパ系（ヨーロッパ大陸に出自がある人）に見られる。一方，肌の色はヨー

ロッパ，アジア，アメリカの各大陸においても地域間で個体差が見られる。これらの構造の色に関わる一塩基多型が調べられており，個人のDNAの塩基配列から比較的精度良く色を推定できる。

　このような特徴や性質の個体差に関わる一塩基多型の部位を探す方法の1つに**ゲノムワイド関連解析（GWAS）**という方法がある。これは，数百から数万の人の各個体について，50万以上の部位の一塩基多型とその表現型（様々な特徴や性質）を調べ，1つ1つの一塩基多型部位がある特徴に関わっているかどうかを統計学的に調べるというものである。虹彩の色に関しては，6つの領域にある一塩基多型が，虹彩の色が青か茶かの決定に関わっていると予想された。これをもとに，1万人分近くのこの6つの領域の一塩基多型と，実際の虹彩の色を調査して，最終的に異なる遺伝子にある6か所の一塩基多型を調べると，青か茶かそれ以外（緑等）かを，8割以上の正解率で推定できることが明らかになった（表3-2）。頭髪の色の場合も類似の方法により，12遺伝子の合計24ヶ所の一塩基多型から，赤毛，金髪，茶髪，黒髪を推定した。その結果，金髪は7割程度でそれ以外は8割程度正しく推定できることがわかった。肌の色は16遺伝子の合計36の一塩基多型を調べると，先祖の遺伝的な

表3-2　眼の色に関わる一塩基多型

遺伝子名	一塩基多型の名称	一塩基多型の場所	塩基	遺伝子の機能など
HERC2	rs12913832	イントロン	A/G	G；Gであれば虹彩が青の確率9割
OCA2	rs1800407	アミノ酸の違い	C/T	メラニン合成に関与する遺伝子
LOC105370627	rs12896399	イントロン	G/T	機能未知，SLC24A4の上流
SLC45A2	rs16891982	アミノ酸の違い	C/G	メラニン合成に関与する遺伝子
TYR	rs1393350	イントロン	G/A	チロシナーゼ（メラニン合成の酵素）
IRF4	rs12203592	イントロン	C/T	転写因子

ルーツに関わらず肌の色が，淡，やや淡，中間，濃，濃黒の 5 つのどれ
に該当するかを推定する。その結果，濃黒と濃は，虹彩や頭髪と同程度
に正確に推定できる。淡から中間は少し精度が低いが十分推定可能で
あった。

　このように，眼の虹彩，頭髪，肌の色は，個体の DNA の情報だけで
も，7 ～ 8 割程度の正答率で推定が可能である。このような研究は，で
きるだけ少ない一塩基多型の数で，効率よく推定することを目指してい
るので，上に示したよりも多くの一塩基多型を利用すれば，より正確な
推定が可能となる場合もある。

（2）身長

　更に推定が難しいのは，大きさや形である。例えば，**身長**の場合，1
卵性と 2 卵性の双子の研究から，その個体差のばらつきの 8 割程度が遺
伝的に決まり，環境の影響は 2 割程度であることがわかっている。この
ことは，人の身長の個体差は遺伝的な要素でかなりの部分決まることを
示している。この値自体は，上記の色の特徴と同程度である。しかし，
その個体差に関わる遺伝子数が大きく異なっている。身長の場合，身長
の個体差を生み出す一塩基多型は，統計的に有意なもの（$P < 5 \times 10^{-8}$）
でも700近くにも及ぶ。そして，ある個体のこれらの一塩基多型を調べ
れば，身長が平均からどれだけ高くあるいは低くなるかを予想できる。
ただしその予想と実際の身長の相関は比較的低かった（$r = 0.35$）。現在
では，50万人分の DNA の塩基配列情報とその身長と年齢のデータ（イ
ギリスの **UK biobank** に登録されたデータ）を用い，推定方法も改善し
たところ，予測値と実測値の相関は改善され（$r = 0.65$），予測値に対す
る実測値のばらつきは，1 標準偏差で 5 cm 程度までとかなりの精度で予

測できている。ただし，これでも日本人の男女別年齢別の身長のばらつきと同程度なので，個人の身長を予測できたとは言い難い。

（3）顔の形

　形に関しては，近年，顔の形の推定が試みられている。**顔の形を３次元の座標の集合として取り込むことができ，その個体差のかなりの部分が遺伝的に決まっていると考えられている。**これは一卵性の双子の顔は区別ができないほど似ていることも珍しくないが，それと比べると二卵性の双子や兄弟姉妹は明確に違っており，遺伝的な影響が強い形質と考えられるためである。身長とは異なり，その特徴を抽出する方法自体が定まっておらず，試行錯誤の段階である。一部の研究グループが小規模なデータで顔の形やその個体差に関わる遺伝子や一塩基多型の探索や，それらをもとにした DNA の塩基配列からの顔の形の推測を行っている。現状では DNA から読み取れるものは，アフリカ系とヨーロッパ系の違いに相当するようなかなり大きな違いや，鼻の幅や高さなどの推定しやすい特徴に限定される。つまり，アフリカ系，ヨーロッパ系などの平均的な顔形の推定はできるが，ある個人の顔の形を遺伝情報から他人と区別できる程度に正確に推定することは困難である。ただし，今後50万人の規模で解析を行えば，また新たな展開が見られるであろう。

5．これからの遺伝情報の利用

　以上のような外観に関わること以外の特徴も，DNA の塩基配列からの推定は行われている。特に，医療や健康に関わることは発展しており，先に示した個人消費者向けの DNA 検査のサービスでもそのような情報を提供しているところが多数，存在する。ただし，病気の診断や現

在の健康状態を調べるものではなく，病気のかかりやすさ，体質，性質
などの遺伝的傾向を推定するものである。また，上述のように，確実に
推定できるものもあれば，そうでないものもある。残念ながら多くの場
合，専門家でもなければその評価は難しい。また，個人消費者向けのも
のは，特許や医療行為などの点から，すべての主要な一塩基多型につい
て調べるわけではない。むしろ遺伝性の疾患に関わるものの多くは，医
療機関でのみ検査を受けることが可能である。

　医療における DNA 検査を含む遺伝学的検査や診断には，疾患の確定
診断や原因特定のための発症後の検査だけでなく，将来の発症を予測す
る発症前の検査もある。また，特定の薬に対する効果の予測，副作用の
予測なども調べられる。これらは一部の医療機関で提供されており，検
査前後に医師やカウンセラーによる遺伝カウンセリングを受け，検査の
目的や，検査結果の意味や精度について正しく理解する必要がある。

　このように現時点では，医療の診断に利用できるものから，まだまだ
改善の余地があるものまで，様々なものがあることを知っておこう。

参考文献

T. A. Brown（著）石川冬木，中山潤一（監訳）『ゲノム　第4版』メディカル・サイエンス・インターナショナル（2018）

岡田随象（編）『遺伝統計学と疾患ゲノムデータ解析-病態解明から個別化医療，ゲノム創薬まで』メディカルドゥ（2018）

Guerrini CJ, Robinson JO, Petersen D, McGuire AL, 2018. Should police have access to genetic genealogy databases? Capturing the Golden State Killer and other criminals using a controversial new forensic technique. *PLoS Biol* 16 (10)：e2006906

Kayser M, 2015. Forensic DNA Phenotyping：Predicting human appearance from crime scene material for investigative purposes. *Forensic Sci Int Genet* 18：33-48

Walsh S et al., 2017. Global skin colour prediction from DNA. *Hum Genet* 136 (7)：847-863

Wood AR et al., 2014. Defining the role of common variation in the genomic and biological architecture of adult human height. *Nat Genet* 46 (11)：1173-186

Lippert C et al., 2017 Identification of individuals by trait prediction using whole-genome sequencing data. *Proc Natl Acad Sci USA*. 114：10166-10171

学習課題

1) DNA 型鑑定について，調べてみよう。

2) STR（短鎖縦列反復配列）とはどのようなものか，調べてみよう。

3) 一塩基多型（SNP）とはどのようなものか，調べてみよう。

4) ABO 式血液型の個人差に関わる遺伝子，アレルあるいは一塩基多型について，調べてみよう。

4 | 生命体のなかでの情報の働き

仁科エミ

《**目標＆ポイント**》 生命体のなかでは遺伝情報発現のみならず絶えず多様な情報現象が起こり，それがなければ生物は生きていけない。この章では，DNAの分子認識，分子認識による細胞内での情報通信，ホルモン伝達による細胞間の通信，それらが進化して実現した神経伝達の仕組みについて，「情報通信」という観点から整理し概説する。あわせて，遺伝子発現の仕組みから，生物にとっての「適応」の意味を考える。
《**キーワード**》 遺伝子発現，本来・適応・自己解体モデル，分子認識，ホルモン伝達，神経伝達

1．DNA での分子認識と遺伝子発現

　DNA 分子に搭載されている遺伝情報は常にそのすべてが発現しているのではなく，必要な遺伝子が必要な時に必要なだけ発現し使われる。DNA がそのなかに記録している遺伝情報を呼び出して RNA に情報を転写して作動のフローに乗せ，その時点で必要とされる機能をもった生体高分子（タンパク質）をつくり出したり，その量や活性を調節したりする働きを総称して**遺伝子発現**と呼ぶ。

　長大な DNA 分子の中には，特定の化学物質の存在状態を検知し，それに対応して活性発現を調節する働きをもつ**オペレーター**，**プロモーター**などと呼ばれる部位があることが見出されており，それらの部位を総称して**発現調節領域**と呼ぶ。これらの部位には，対象となる化学物質だけがぴったりはまり込む**鍵穴**のような構造が存在し，そこに対象物質

が鍵のように結合するという形式で情報が伝達される。化学物質の存在状態を情報として捉えるこのような仕組みを，**分子認識**と呼ぶ。

　たとえば生命の維持に必須なある種の酵素が欠乏すると，それは「その化学物質の細胞内濃度がある限界以下に低下した」という情報としてDNAにキャッチされる。そして，それに応答する状態で，その物質の合成に関与する酵素タンパク質群をつくり出す遺伝子活性にスイッチが入り，RNA類の活動が発現のフローに乗る。そしてその化学物質の生産体制が整い，十二分な量がつくり出されると，その化学物質が必要な水準をこえて高濃度に達したという情報としてDNAにキャッチされ，DNAはその合成に当たる酵素の生産を制限する処置を行う。こうして，細胞に必要な物質が過不足なく供給されている。ここでは，化学物質が情報伝達を行う**信号**として機能している。

　細胞を維持する働きを担っている遺伝子群のなかで，遺伝子が常に発現状態にセットされ作動し続けているものを**構成的遺伝子**と呼ぶ。エネルギー代謝にかかわる酵素の遺伝子などがその例で，いつも稼働して酵素をつくり続けている。それに対して，遺伝子発現が状況に応じて調節されるものを**調節的遺伝子**と呼ぶ。

　それでは，調節的遺伝子の発現は何によってコントロールされているのだろうか。このことを理解するために，生命と環境との関係についての**本来・適応・自己解体モデル**を導入して概念的に説明する。

　ある生物種が進化的適応を遂げた**本来の環境**と，その種の遺伝子のなかで生まれながらの初期設定として発現状態にセットされている**本来のプログラム**が現す活性とは，原則としてぴったりと合っている。この状態の下にある生命は，あるがままでストレスフリーに生きていくことができる（図4-1左）。この状態をあらわすものとして「本来」という概念が近年日本で提唱され始めた（参考文献→1）。興味深いことに，西欧系

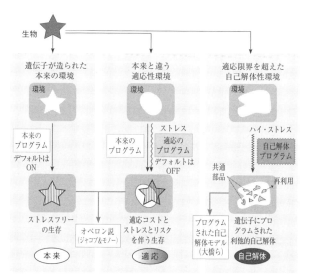

図 4 - 1　地球生命の〈本来・適応・自己解体モデル〉
（参考文献→ 1 ）

の生命科学のなかには，この「本来」に該当する概念や用語が判然と存在していない。

　それに対して，その生命が棲む環境が，その生物種の遺伝子がつくられた本来の環境とずれてしまうと，物質・エネルギー面でさまざまな不適合が起こり，場合によっては生存の危機が生じる可能性がある。このような時，初期設定では切られている遺伝子発現スイッチを入れて**適応のプログラム**を呼び出し，欠落または不足をカバーする。これが，突然変異が導く**進化的適応**とは違う，タイムリーに起こる**適応**である。活性の過剰や重複が生じた時，一部が節約される仕組みもそのなかに含む（図 4 - 1 中央）。

　この適応のメカニズムを起動するために，環境不適合という**ストレス**が重要な役割を果たす。なぜなら，ストレス信号によって遺伝子発現ス

イッチを入れる仕組みがあるからである。こうして、平素はつくっていない酵素をつくり始めるなどの適応現象が発現する。この過程のなかで、酵素を合成するエネルギーが必要になるといった、応分の生命科学的コストが発生する。さらに、新しい遺伝子の活性が現れるまでの間、生命は環境不適合状態に置かれるので、その間、生存力が低下した状態に留まるというリスクが生じる。このように、適応モードに入り生存を図る時には、ストレスとコストとリスクという三つのデメリットが生命に及んでくる。こうして見ると、適応という生存モードは、本来モードに比べて、生命にとってより望ましいものとは言えないことに注意を要する。

　さらに、遺伝子のなかにあらかじめ準備されているすべての適応のプログラムを起動してもまだ環境との不適合が解消できず生存が困難な場合、一転して生命はその寿命を終結させる時のために準備されている**自己解体プログラム**を発現させて自分の生命を自ら終結に導くとともに、その体を、他の生命による再利用に適した要素に自分の力で分解してしまう現象が見出されている（図4-1（右）、**参考文献→2**）。

　たとえば、テトラヒメナという単細胞原生動物は、生存に不適合な温度やpH（酸性度）に短時間さらされると、生体高分子を加水分解する酵素を詰め込んだ細胞内小器官の**リソソーム**が爆発的に増え、急速に細胞の中身を自ら分解する。その際、mRNAへの転写阻害剤を投与して遺伝情報が読めないようにしたり、酸素の供給を停止して細胞にエネルギーが供給されないようにすると、こうした解体は抑制される。これらの実験結果から、自己解体は、遺伝子制御のもとに、細胞自身がつくりだすエネルギーを費やして行われることが示された（図4-2）。

　自己解体モードでは、遺伝子調節が「逆制御」というべきモードに転換することは注目される。遺伝子活性発現の原則は、不足したものを補

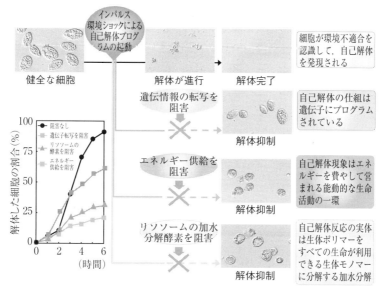

図 4 - 2　自己解体とは遺伝子にプログラムされた加水分解反応
（参考文献→ 2 ）

充し余ったものを節約するように働き，生命を合理的に支える。ところ
が自己解体モードではこの合理的な仕組みが逆転して，余れば余るほど
よりたくさんつくるとか，欠乏すればするほどますます生産を抑えてし
まうというように，自滅行為ともいえる方向に向かう不可思議な現象が
ひき起こされる。この奇妙な仕組みが地球の真核生命すべてに潜在して
いる可能性を否定できない。つまり，対応する調節的遺伝子が用意され
ていないほど本来と極度に差のある環境では，自己解体を伴う生命の終
結現象が起こりうると考えられる。

2. 細胞内での情報伝達──分子認識による 細胞内分子通信

　細胞内での酵素の生産と存在状態がDNAによってコントロールされている仕組みは先に述べた。一方，酵素それ自体のなかにも，その活動を自律的に制御可能にしているものがある。いくつかの酵素反応がリレー方式でつながって目的物質を生合成している系の入口の側に存在することが多い**アロステリック酵素**と呼ばれる一群の酵素はその一例である（図4-4）。

　この種の酵素タンパク質には，**アロステリック部位**と呼ばれる鍵穴部分をもっている。この部位に，ある一連の酵素反応系の最終生産物となる小型の分子（図4-3の**Ⓓ**）が分子認識の仕組みではまり込むことによって，酵素のもつ触媒活性を停止させる。それぞれの酵素は，それと結合することによって化学変化を起こさせる対象化学物質である**基質**（図4-3のⓈ）を，それ以外の物質と分子認識によって厳密に区別して受け入れる鍵穴構造（**活性部位**）を必ず具えている。

　このような鍵穴部位をもつ生体高分子が，自分の鍵穴にぴったりはまる特定の鍵物質を他と区別して見分け受け入れて応答する**分子認識**の仕組みは，生体の至る所に所在している。この章で説明した**DNA，酵素**，そして第5章で説明する脳

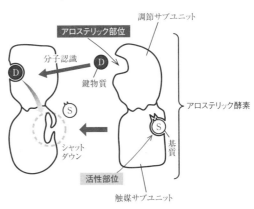

図4-3　アロステリック分子認識と機能発現モデル

内神経回路の**受容体**のように，認識の主体となる鍵穴をもった巨大分子を**ホスト分子**，その対象（鍵物質）となる小型の分子を**ゲスト分子**と呼ぶ。ホスト分子は原則として特定の構造をもつある一種類の化学物質だけをゲスト分子として認識し受け入れて反応を起こす。

　この際，ホスト分子がゲスト分子を他と区別して見分ける「資格審査」の厳密性が十分でないと，生命活動に大きな混乱が起こり，それはしばしば致命的に作用する。そのため分子認識では，ゲスト分子の三次元構造，電荷の存在とその位置などが極めて厳密にチェックされる。しかし現実には，厳重な分子認識のコードを破って「ニセの合鍵」として作用する物質が存在する。その例については第 5 章で述べる。

3．細胞間の情報通信——ホルモン伝達

　多細胞生物では，膨大な細胞どうしが互いに連携して円滑に活動できるようにする通信手段がなければ，生存は成り立たない。そのためには，細胞と細胞との間の情報伝達が必要になる。その機能は，分子認識が可能な**化学的メッセンジャー**という特別な情報化学物質が担っている。そのひとつが，**ホルモン**である。

　ホルモンは，細胞間情報伝達のための専用分子シグナルであり，動物では生体内に流れる体液に溶けた状態で運ばれる。植物ホルモンおよび動物ホルモンは，特定の目的を伝える化学信号として能動的な化学伝達の機能を果たしている。情報の発信者としてホルモンを分泌する細胞を**分泌細胞**，ホルモン情報の受信者となる細胞を**標的細胞**と呼ぶ。

　細胞内では，細胞液中における化学物質の拡散による伝播というかたちで情報が伝わる。ここでは，通信エリアとなる細胞質の空間の大きさが数〜数十マイクロメートルくらいのごく小さいサイズなので，分子信

号の拡散速度に対して通信距離が非常に短いため，メッセージとなる
「特定化学物質の濃度」という情報は一瞬にして細胞全体に万遍なくほ
とんど同一状態で伝わり，その変化も瞬間的に全体に波及するので，そ
れらは正確な情報として働く。したがって，化学物質をそのままメッ
セージとして認識する受動的な情報伝達の仕組みでこと足りる。

　ところが，膨大な細胞によって構成された動植物体の一角に存在する
ある細胞内部の化学物質の存在状態を，同じ体の中とはいえ遠く離れた
部位にある別の細胞に伝えようとしても，化学物質の存否や濃度の変化
という現象としてでは，伝えようがない。そこで多細胞生命は，ある特
有の化学物質の構造にある特別な意味内容を持たせ，いいかえれば**コー
ド化**（暗号化）し，それを発信細胞に生合成させ体液中に放出して特定
の受信細胞に送りつけ，情報を伝える，という方法を開発した。信号物
質が受信細胞に行き着いて暗号が解読されたとき情報が伝達される方式
である。つまり，それらの化学物質は，情報を発信する分泌細胞と，そ
れを受信する標的細胞との間であらかじめ相互に取り決められ共有化さ
れた暗号表に基づいて，コード化された暗号として機能する。

　なぜ暗号化が必要かというと，体液に溶けたホルモンは，標的細胞以
外の全身のあらゆる細胞に行きつく可能性がある。それら対象外の細胞
にメッセージが読み取られてはならないので，暗号化が不可欠になる。

　こうしたホルモン伝達も，その通信の原理は，送り出された分子信号
がゲスト分子となり，受信細胞の表面にある**受容体**などをホストとして
行われる**分子認識**以外の何物でもない。これを引き金にして，「標的と
なった細胞内部での物質代謝という生命活動」が，発信細胞からのメッ
セージに応答した状態で発現する（図4-4）。生体内をひとつに結ぶこ
うした化学的情報伝達のもっとも進化した形式として，次に述べる**神経
伝達**が存在する。

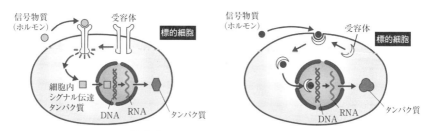

図4-4 体内成分の合成を調節する分子通信の働き

4．ホルモン伝達から神経伝達への進化

　自分から体を動かすことがほとんどない植物とは異なり，動物では，環境や状況の変化に対応して素早く体を動かすことが生存を助ける。そうした動物は，化学的メッセンジャーを用いた細胞間情報伝達であるホルモン伝達系に，電気現象を導入して伝達速度を飛躍的に高めるとともに，ネットワーク回路を構成して高度な情報処理機能を可能にした新しいシステム，**神経系**を進化させてきた（図4-5）。

　先に述べたように，ホルモン伝達系では，発信者である分泌細胞からの指令を携えた**ホルモン**という化学物質が体液に溶け込んで体内を漂流し，その一部が標的細胞に流れついて分泌細胞からのメッセージを伝える。

　これに対して**神経伝達系**では，分泌細胞それ自体がその体の一部を**軸索**と

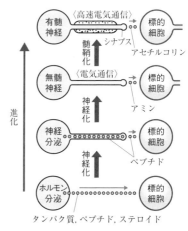

図4-5 細胞間分子通信の階層進化

いうケーブルのかたちで極度に延ばし，標的細胞に極めて接近したかたちをとることにより，メッセージを標的細胞だけに直接届ける（図4-6）。神経細胞と神経細胞との継ぎ目は，**シナプス**と呼ばれる。神経細胞の本体，**細胞体**が興奮すると活動電位が発生し，その電気インパルスが軸索を通じて伝わっていく。発信側細胞のシナプスの末端には，**神経伝達物質**と呼ばれるホルモン様物質が蓄積され待機していて，電気インパルスとして軸索を伝わって送られてきた発信命令によってそのホルモン様物質をシナプス間隙に発射し標的細胞側の受容体を直撃する。ここで受容体での**分子認識**が行われて情報が伝わる。つまり，神経細胞での情報伝達は，電気的な伝達である**インパルス伝達**と，化学的な伝達である**シナプス伝達**という二つの方式が，交代に連鎖する形をとっている。シナプスで起こる化学伝達の過程では，そこで機能する神経伝達物質の挙動に基づく複雑な反応が導かれる。このような神経伝達では，体液内漂流に

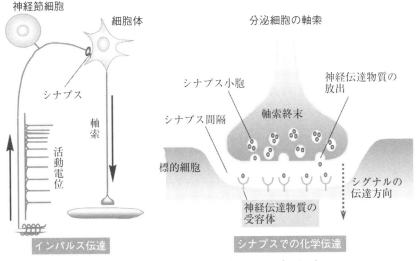

図4-6　インパルス伝達とシナプス伝達

依存したホルモン伝達の限界となっていた「伝達速度の遅さ」や「伝達相手の不確かさ」が高度に解消されることになる。

5．神経系がもたらした新しい生命活性

　神経という仕組みは，動物を「動く生き物」として発達させる進化のなかで，生体内情報通信に新しい活性を導いた。そのいくつかの局面に注目し，情報学の観点から整理してみよう。

（1）　高速大容量化

　ホルモンという分子シグナルを血液の流れに乗せて全身に行きわたらせるためには，人間の体では約50秒を必要とするといわれている。一方，神経伝達では，その速度は数十分の1秒以下にまで大幅に高速化される。単位時間あたりに送られる情報量も激増する。動物はしばしば，「行動」という複雑な生命活動を瞬時に実行しなければならない。その実現には，ホルモンによる情報伝達では時間がかかりすぎる。

（2）　デジタル化

　ホルモンという化学情報は，体液の中での濃度の変化というアナログ量しか表現できない。また，そのホルモンの存在状態は，拡散による自然の濃度低下を伴う。これらの面からみても，動物の運動制御を成り立たせるほど精密で的確な情報伝達は，ホルモンによっては実現できない。それに対して神経では，電気インパルスが発生するかしないか，というように，情報はデジタル化される。それによって桁違いに高速高精度で的確な情報伝達が実現し，動物としての行動が可能になっている。ただし，シナプスでの情報伝達は，神経伝達物質というアナログ信号によって行なわれる。

（3）オンライン・ネットワーク化

　体液の中に溶けて体内を漂流するホルモンは，標的とする細胞以外のすべての細胞に到達する可能性があり，特定の臓器・器官・細胞だけを選択的に連携させることが難しい。一方，神経では，細胞の一部が長くひき延ばされたケーブルである軸索によって特定の細胞と細胞とを直接，連結することが可能になっている。これによって，体のなかに有線のオンライン・ネットワーク構造をつくることができる。それは，動物の体を部分ごとにまとめ，それらを階層的に積み上げた構造にシステム化することを容易にし，臓器，器官，組織など生体の部分ごとの独立した活動を全体との調和のもとに実現させる基礎となっている。

　さらに神経系は，単に臓器間を結んで連絡調整に当たる役割を大きくこえた情報処理を実現している。それは，神経細胞どうしが互いに結びつき，膨大な数が集積して巨大なネットワーク回路を構成し，きわめて高度な情報処理機能を発現することである。その小規模なものは，昆虫などの**神経節**という形で見ることができる。そのような神経ネットワークを高度に発達させ，さらにそれを集約した中枢が，人間を含む脊椎動物に具わった**脳**である。

参考文献

1 大橋力『ハイパーソニック・エフェクト』岩波書店（2017）
2 Oohashi T, Ueno O, Maekawa T, Kawai N, Nishina E, Honda M, Effectiveness of hierarchical model for the biomolecular covalent bond: An approach integrating artificial chemistry and an actual terrestrial life system, Artificial Life Journal 15, 29-58, MIT Press. (2009)

学習課題

1）細胞「内」の情報通信と細胞「間」の情報通信とについて，その仕組みの共通点と相違点を整理してみよう。
2）「適応」のメリットとデメリット（ストレス，コスト，リスク）について，実例に当てはめて整理してみよう。

5 │ イメージング技術が描き出す
脳内情報伝達

仁科エミ

《**目標＆ポイント**》 脳機能の解明は，人間理解の重要な側面を成している。神経細胞が集積した複雑なシステムである人間の脳について，その構造と機能について概説する。人間固有の脳の働きである言語機能と，他の動物との共通性が高い快感の発生を材料に，その働きの特性を説明する。脳の働きを画像化して描き出すイメージング技術など脳研究手法の発展と，それらの成果をさまざまな領域に応用する試みを紹介し，その射程を考える。
《**キーワード**》 脳イメージング，機能局在，報酬系，ブレイン・マシン・インタフェース

1. 脳研究手法の進展

　人間の脳の構造・機能に関する研究は，かつては，死後の脳を標本にして観察したり，外傷や疾病によって脳の一部が損傷された症例の研究を通じて行われていた。失語症の研究をしていたポール・ブローカは，1861年，大脳皮質の特定の場所が破壊されると言葉が話せなくなることを見出した。この部位が傷つけられると，文章を構成する働きや，それを音声として出力する働きが損われる。これは脳が場所ごとに特定の機能をもつ**脳の機能局在**の最初の発見となり，この部位は**ブローカ野**と名付けられた。続いてカール・ウェルニッケは，損傷されると失語症をひき起こす大脳皮質上のもうひとつの場所を見出した。この**ウェルニッケ野**と呼ばれる部位が損傷されると，他人の発する言葉や文章を理解する

ことが困難になり，発話も理解不可能な「言語のようなもの」になる。さらに，ワイルダー・ペンフィールドは，開頭手術中に脳のいろいろな場所を電気刺戟した時の応答を調べ，運動野と感覚野についての詳細な地図をつくりあげた。

このような脳の一部を破壊したり刺戟を与える方法を使った脳の機能地図づくりに加えて，現在では，身体を傷つけることなく人間の脳機能を生きたまま観察するさまざまな情報技術が実現している。これらの手法は，**非侵襲脳機能イメージング**（あるいは**脳機能イメージング**）と総称されている。

脳機能イメージングは大きく分けて，神経細胞の電気的な活動を観察する手法と，神経活動に伴って生じる脳血流やエネルギー代謝の変化を観測するする手法とがある。

脳の電気活動を調べる手法としては，神経細胞からのシナプス後電位の総和を反映する**脳波（EEG）**，神経細胞内電流が惹き起こす磁場を計測する**脳磁図（MEG）**などがある。脳の代謝活動を調べる手法としては，神経活動による脳血流やエネルギー代謝の変化を反映する**ポジトロン断層撮像法（PET）**，脳血流と酸素代謝のバランスの変化を捉える**機能的磁気共鳴画像法（fMRI）**，血液の中の酸素を運搬するヘモグロビンの濃度変化を捉える**近赤外線スペクトロスコピー（NIRS）**などがある。これらの非侵襲脳機能イメージング手法によって，安全で精緻な実験が行われ，脳の機能地図は完成度を高めている。とはいえまだ未知の領域も存在する上に，神経細胞レベルでの詳細な実態の解明は，これからの課題になっている。

2．人間の脳の構造

　人間の脳は重量約1.3〜1.4kgくらいの塊で，推定1000億個くらいの神経細胞と，およそその十倍のグリア細胞（神経膠細胞。神経細胞の活動を支援する役割などを担う）とを主な要素として構成された複雑なシステムである。左右二つの半球が合体した姿をしており，左右半球はやや非対称で，普通，左半球の方がわずかに大きい。その構造は，大きく**大脳，小脳，脳幹**に分けられる（図5-1）。

（1）大脳

　多くのパーツからなる脳のなかで，頭部の先の方にある最大の部分を**大脳**という。大脳を上方から見ると，深い裂け目によって対称的な左右の**大脳半球**に二分されている。

　大脳を構成する神経細胞は，層状構造をとって集積している。こうした構造から，大脳が発達して神経細胞数が増えるということ

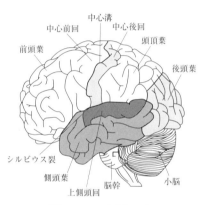

図5-1　人類の脳

は，表面の層の部分の面積が増えることを意味する。大脳が発達するにともなって拡がる皮質は，折りたたまれて**しわ**を形成する。その結果，同じ哺乳類であっても，大脳の発達度合によって，その形状は大きな違いを見せる。人類の脳では，**大脳新皮質**が極度に発達している。

　ラットから人類に及ぶ哺乳動物の大脳皮質の主な役割は，ごく単純化すると，**感覚**という情報収集の役割と，**運動**のくわだてやプログラ

ミングといった「動く生き物」としての行動制御に関わるものといえる。右側の大脳半球は左半身からの感覚情報の処理および左半身の運動の制御に当たり，左側の大脳半球は右半身からの感覚情報の処理および右半身の運動の制御に当たる，というふうに左右が入れ違いになっている。

　大脳半球の奥の方には**大脳辺縁系**と呼ばれる領域がある。大脳辺縁系は大脳新皮質以外の皮質の総称で，主に系統発生的に古い皮質（旧皮質，古皮質）をいう。脳梁，海馬，扁桃体などが属し，情動，欲求，記憶形成などにかかわっている。

（2）小脳

　大脳の下方に位置するのが小脳で，**左小脳半球**と**右小脳半球**，そして両者の中間に位置する**虫部**という三つの部分から構成される。小脳は，大脳や脊髄と結びついて運動制御の中枢として働く。ただし，左右半球の機能分担は，大脳の場合とは反対に，左半球は左半身の制御，右半球は右半身の制御を受け持っている。

　なお，小脳の神経細胞の密度は非常に大きく，小脳の容積は脳全体の約10％を占めるにすぎないのに，神経細胞の数は大脳を含む中枢神経系に含まれる全神経細胞の約50％に及ぶといわれる。

（3）脳幹

　脳の一番奥の方にある脳幹部は，高等動物では発達した大脳にほとんど覆い隠されている。そうした脳全体から大脳と小脳とを取り除いたあとに残る，さまざまな臓器から構成される領域全体を，**脳幹**と総称することが多い。中脳，視床，視床下部，橋，延髄などが含まれる。その名のとおり，脳の中心をなす幹にみえ，進化的にはもっとも旧く成立した。神経細胞と神経線維との多様な複合体群で，脊髄や小脳から大脳に向かう情報の中継を行うと同時に，大脳から小脳や脊髄

66

に送られる情報の中継にも当たる。さらに心拍，呼吸，意識（覚醒），体温調節をはじめとする生命維持機能の中枢としても働いており，コンピューターに例えれば中央処理装置（CPU）に相当する。実際，大脳にある程度大きな損傷を受けても生き延びられることが多い一方，脳幹にわずかの損傷を受けるだけでも，生存が難しくなる場合が少なくない。

3．脳の機能局在

　人類の大脳は広い皮質を折りたたんだ形態をしていて，折りたたまれた凸形の構造を回，凹状の構造を溝，特に深い溝を裂と呼ぶ。これらの構造で区分された領域を，例えば前頭葉，側頭葉などというように，葉と呼んでいる。また，脳は場所ごとに特定の機能をもち，大脳皮質上の固有の機能の局在する領域を野と呼ぶ。

　大脳皮質の役割は，感覚入力の処理，そして行動出力の処理を主として担っている。これを脳の**機能局在**という。場所ごとに異なるその機能をマッピングして大脳の機能地図がつくられている（図5-2）。

　入力情報の処理は，いわゆる五感の別に象徴されるように，一種の縦割構造に専門分化している。中心溝に隣接した体性感覚野は，全身の皮膚組織が発信する神経イン

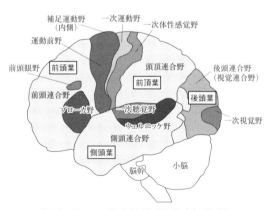

図5-2　大脳の機能地図（左半球）

パルスを受容して，触覚，関節覚をはじめとする体性感覚情報として処理する。体性感覚野それ自体，その内部構造として，身体の場所に対応した役割分担，つまり細かい体部位局在をもっている。

　また，**側頭葉**にある**聴覚野**は，空気振動を鼓膜が受容しそれを内耳が神経インパルスに変換した信号を，聴覚情報として処理する。さらに，**後頭葉**の**視覚野**は，眼が受容し網膜が神経インパルスに変換した信号を，視覚情報として処理する。これらの感覚情報は，末端にあるセンサーからいったん脳の基幹部にある**視床**に送られ，そこで中継されてから大脳皮質に伝えられる。一方，空気中の化学物質が嗅覚受容体を刺戟して発生させた信号は，視床を経由せず**前頭前野**の直下にある**嗅球**に直接入力され嗅覚情報として処理される。

　出力情報の処理は，**運動前野，補足運動野**において運動のパターンがデザインされ，その情報が**一次運動野**に送られることに始まる。運動野のなかでは，場所別に，担当する身体の器官が細かく分かれている。

　運動野に隣接して大きな広がりをもつ前頭前野は，認識，思考，判断，記憶など高次の脳機能に直接関わる部位とされている。これは，出力系の構築する行動計画により高い次元の戦略を与えて効果を高める，運動制御系の上部構造と捉えることもできる。

4．人類の脳の特異性

　哺乳動物の内臓のつくりを種別に比較すると，肺・気管などの呼吸器，心臓・血管などの循環器，胃・腸などの消化器をはじめ，ほとんどの臓器が，種が違っていても互いにとてもよく似た構造・機能をもっている。末梢神経系や自律神経系も，かなりよく似ている。ところが，脳という臓器だけは，種が異なると構造・機能ともに大きな差を見せる。

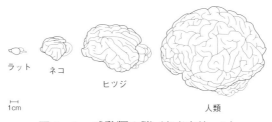

ラット　ネコ

ヒツジ

1cm

人類

図5-3　哺乳類の脳（参考文献→1）

　なかでも，種相互間の違いがもっともはっきり現れる部位は**大脳**で，より進化した動物ほど体の大きさに比して大型化し，複雑性を高める傾向が見られる（図5-3）。この大型化，複雑化は，当然ながら脳機能の発達と相関していると考えられている。そして，こうした哺乳類の脳のなかで，もっとも進化し高機能化したものが，人類の脳と考えられている。とはいえ，構造的には，少なくとも大きさの面で人類を超えている動物もあり，それらのなかには，イルカのように大きさだけでなく脳のしわの数でも人類を上回っているものもある。

　哺乳類の脳の進化では，小脳や脳幹を含む脳全体が巨大化するのではなく，大脳だけが発達する，という特徴がみられる。そしてこの発達した大脳こそが，人類を他のすべての動物と区別する知能の拠点となっている。

　人類の大脳の重要な特徴として，言語機能に関わる脳の部位がある。その機能を担う中心部位であるブローカ野とウェルニッケ野という**言語野**は，95％の人間で左半球だけに存在しており，右半球にはそうした言語野が存在していない。このことに注目したノーマン・ゲシュウィンドらの詳細な解剖学的検討（**参考文献→2**）の結果，ウェルニッケ言語野の所在する人類の脳の側頭平面の外線の長さの平均値は，右に比べて左の方が約三分の一も長いことが，非常に高い統計的有意性をもって明らか

にされた。

　こうした側頭平面の左右非対称性は，一般の動物はもとより，テナガザルのような進化した霊長類でもまったく見られない。しかし，オランウータン，ゴリラ，ボノボ（ピグミーチンパンジー），チンパンジーといった人類と近縁の**大型類人猿**では，側頭平面に左右の大きさの違いが認められ，人類同様，左半球の方がより大きい。詳しくみると，人類での側頭平面の左右表面積の比が，左が平均して約29％大きい値を示すのに対して，オランウータンやゴリラではそれより小さい。反対にチンパンジーでは，言葉が話せないにもかかわらず，左側頭平面の面積は右側頭平面の面積に比べて49.8％も大きく，その差は人類よりもかなり著しい。側頭平面が大きいということは，入力言語情報の処理，つまり言語というデジタル性の濃厚な情報の処理に当たるウェルニッケ野がより発達していることを意味する。こうした点からみると，言葉を使えるかどうかと，記号性の情報処理が脳の中で実行されているかどうかとを同一視することは短絡的に過ぎるかもしれない。

　さらに，アルバート・ガラブルダによる人類の脳の左右非対称性についての詳細な実測研究（**参考文献→3**）によれば，脳の側頭平面の大きさの個々人によるばらつきは，左の脳半球では大差がなく右の脳半球で著しい。つまり，左脳の大きさにはほとんど個人差はないのに，右脳の大きさには個人差が大きい。言い換えれば，見かけ上左脳が大きく見える人は，実は，右の脳がそれだけ小さいことになる。ガラブルダは，人類の側頭平面の左右非対称性は，左脳が発達して生じるのではなく，右脳の発達が抑制された結果であろうと推定している。

5．快さを感じる脳の仕組み

　「快さを感じる」という心の働きは，脳で発生している。そして，快不快を感じる仕組みは，多くの哺乳類で共通している。

　では，脳のなかのどこに，快さを感じる部位が組みこまれているのだろうか。先に述べたように高等動物の脳は，神経細胞が膨大にシステム化して構成されている。そして第4章で説明したように，神経細胞では，縦軸方向に長く伸張した軸索と呼ばれるケーブルを電気インパルスが伝わることによって，情報伝達が行われる。この仕組みに注目し，神経組織に外から電極を差し込んで電気インパルスに近い電位を注入して脳を刺戟するという実験モデルを組むことができる。このモデルを応用した古典的な研究のひとつに，ジェームズ・オールズの**自己刺戟実験**がある。

　オールズは，ラットの脳に電極を挿入し，ラットがボタンを押すと電流が流れるようにした。もし，脳内に快感発生に関わる部位が実在し，そこに電極が的中したとすると，ラットは外部から注入される電流が発生させる快感を求めて積極的にボタンを押すと予想される。この実験は予想どおりの結果を導いた。ボタンを迷路の両端に置いたり，電気ショックの金網といった障害物を設置しても，ラットは迷路を解き，あるいは電気ショックに耐えて，快感のボタンを押しに行く。さらに，快感の電流を発生させるボタンと，餌の出るボタンとのふたつを設定すると，ラットは空腹ならば餌のボタンを押して餌を食べ，満腹すれば電流のボタンを押して快感をむさぼる。ところが，電極の位置が極致的な快感の中枢に的中した場合，ラットは餌のボタンを無視して快感のボタンを押し続け，餓死するに至る。これらの実験は，脳が感じる快感が，高等動物の行動をいかに強く支配するかを教えてくれる。

　こうした実験結果と解剖学的知見とを総合することによって，脳のなかに快感を発生させる**報酬系**と呼ばれる神経ネットワークが存在することが明らかになった。報酬系は，脳幹とそこから脳内各処に向かって投射される内側前脳束を含む**モノアミン作動性神経系**とがその実体をなしている。モノアミン作動性神経系とは，神経細胞と神経細胞との接点（シナプス）における化学伝達を担う神経伝達物質群の名称（モノアミン類）に由来する。**第4章**で述べたように，神経細胞を伝わってきた電位が神経終末に到達すると，神経終末にあるシナプス小胞に蓄えられたこれらの神経伝達物質がシナプス間隙に放出され，シナプス後ニューロンの受容体に到達することによって神経細胞間の情報伝達が行われる（図4-6）。このような脳の報酬系として，ドーパミン，ノルアドレナリン，セロトニンなどモノアミン類が神経伝達物質として機能するモノアミン作動性神経系，βエンドルフィン，エンケファリンなどペプチド類が機能するオピオイド神経系が知られている（図5-4）。

　一方，人為的に快感を引きおこす上で，ある種の化学物質が有効であることが古くから知られていた。例えばケシから抽出されるモルヒネは，脳内で生産される神経伝達物質と同一物質ではない。にもかかわら

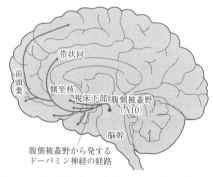

図5-4　快感を生み出すドーパミン神経回路

ず，エンドルフィンという神経伝達物質ときわめてよく似た化学構造を一部に有している。そのため，第4章で述べたシナプスでの**分子認識**に際して，本来の神経伝達物質と誤読され，**偽の合鍵**のように機能してしまう（図5-5）。しかも，本来の神経伝達物質には情報伝達が終わると分解されるなど消えて無くなる仕組みが具わっているのに対して，偽の合鍵物質は回収の仕組みをもつとは限らず，偽の合鍵が長時間レセプターに居座り，ひいては病理的状態を導く恐れがある。

　こうした精神変容性化学物質（神経伝達物質）を，人類はその長い歴史のなかで経験的に見出してきた。酒や嗜好品のなかに含まれるアルコールやコカの葉に含まれるコカインなどもその例外ではない。しかし，体外から摂取されるこれらの物質は，あくまで脳が自己生産する本来の神経伝達物質の「偽物」であることに注意しなければならない。

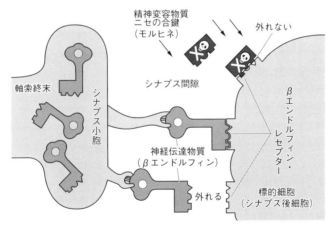

図5-5　シナプスで起きる分子認識（快物質と偽の合い鍵）

6. ブレイン・マシン・インタフェースとその応用

脳の電気的活動を計測・利用して，機械を操作したり，カメラ映像などを脳への直接刺激によって感覚器を介さずに入力することを可能にする情報技術の開発が進み，1990年代半ばからその実用化が現実のものとなってきた。信号源であり操作対象でもある「脳」と「機械」を繋ぐ存在，脳波を読み取る脳波センサーや脳波を解析する情報技術などを総称して**ブレイン・マシン・インタフェース（BMI）**と呼ぶ。近年では脳をめぐるこうした計測・解析技術は格段の進歩を遂げ，脳情報を社会活動に応用展開することが射程に入りつつある。

脳を解析する新しい手法としては，通常の統計モデルを使った解析に加え，**機械学習**を使った脳計測データの解析が提案され，脳からより多彩な情報が抽出できるようになりつつある。最近では，**AI，深層学習**を使って脳活動を解読したり予測するような研究も盛んになりつつある。

また，計測技術の向上，計測装置の簡便化・廉価化，解析技術の向上などにより，脳情報を医療や産業に応用しようという気運が高まり，それらの応用が現実のものとなりつつある。たとえばリハビリテーション分野では，脳活動データから運動意図や知覚内容・認知状態といった脳情報を抽出してさまざまな処理装置と通信し，人の運動機能を代替させるロボットアームのようシステムも実用化されている。マーケティング分野において，人間の購買行動を脳科学の視点から分析する試みも行われている。

未知の要素が多いとはいえ，情報技術を応用した脳研究が人間理解の前進，そして人間の諸活動の支援に及ぼす貢献は，今後一層大きなものになると期待される。

74

参考文献

1　B.アルバーツほか『細胞の分子生物学　第二版』教育社（1990）

2　Geschwind N, Levitsky W, "Human brain : left-right asymmetries in temporal speech region", Science, vol.161, 186-187 (1968)

3　Galaburda A M et al. "Planum temporale asymmetry, reappraisal since Geschwind and Levitsky", Neuropsychologia, vol.25, 853-868 (1988)

学習課題

1）人類の脳と他の動物の脳との構造・機能の違いについて調べて，人類の脳の特徴を整理してみよう。

2）脳科学の装いをまとった根拠のない言説を「神経神話」と呼ぶ。神経神話の事例をインターネットなどを使って調べてみよう。

6 | 視聴覚情報メディアの発展と人間の応答

仁科エミ

《**目標＆ポイント**》 視聴覚メディア技術の進展は著しい。一方，映像・音響情報を受容する脳の働きについての学際的研究が進むにつれて，そうした視聴覚メディア開発に，「脳との適合性」というこれまでにない観点が必要とされ始めている。情報技術による人間理解が先導しつつある「人にやさしい」視聴覚メディア技術開発について，オーディオメディア技術の歩みを例にとってその可能性を考える。
《**キーワード**》 ハイパーソニック・エフェクト，デジタルオーディオ，周波数

1. アナログオーディオからデジタルオーディオへ

　脳機能についての研究が進展し，脳が音や映像情報に対してどのように反応するかが少しづつ明らかになり，それらの知見はメディア技術の開発にも影響を及ぼすようになってきた。その実例を紹介するに先立ち，オーディオ録音メディア技術の変遷を振り返ってみよう。

　1877年，トーマス・エジソンの発明した**フォノグラフ**は，音（音楽）を実際の空気振動に近いかたちで記録し再生することを，世界で初めて実現した。回転する円筒管に巻かれた柔らかい錫箔（のちに蠟管）に，深さの変化する溝を刻みこみ，針でその溝をなぞることで振動板をゆり動かし，元の振動を再現しようというものだった。この蠟管録音では，音の振幅の変化が音溝の深さの変化として記録されるため，記録・再生

できる周波数や振幅には非常に大きな限界があった。

　1885年に開発されたエミール・ベルリナーが発明した**グラモフォン**は，記録媒体である円管状の**蠟管**を**円盤**に換え，上下（浅深）方向に刻んでいた音溝を左右方向に刻み音溝の深さを一定にする方式に変えることで，より有効な記録・再生を可能にした。

　フォノグラフからグラモフォンの前期までは，録音する音を大きなラッパで受け，ラッパの先端にとりつけた振動板に植えこんだ針を振動させて音溝を刻む，という**アコースティック録音**が行われていた。グラモフォンレコード（いわゆる SP レコード）はこの方式で，記録周波数帯域およそ250〜2,500 Hz という，当時としては画期的な特性を実現した。1925年には，音をマイクロフォンで電気信号に変換し，これを増幅して電動方式のカッターヘッドをドライブする，という方法でマスター盤を造る**電気録音**方式が実用化され，SP レコードの音質を飛躍的に向上させた。この方式による記録周波数帯域は，およそ50〜6,000 Hz に達している。しかしそれは，人間が音として聴き取ることができるとされている周波数およそ20 Hz〜20,000 Hz（20 kHz）を大きく下廻り，周波数の面で引き続き著しい限界をもつものだった。

　1948年に市販されはじめた**LP レコード**は，素材として**ポリ塩化ビニール**を採用した。この素材は表面粒子が細かく，繊細な波形を細い音溝によって高密度で刻み込むことができ，音溝を針をトレースする際のノイズも大幅に低減した。特に注目されるのは**周波数特性**で，可聴周波数上限20 kHz を初めて十分にこえ，優秀なカッティングマシンを使うと30 kHz をも優に上廻るレコードを実現することができた。このような LP レコードは，1960年代から1980年代にかけて全盛を極めた。

　1982年に商品化されたデジタルオーディオ，コンパクト・ディスク（CD）はこの状況を一変させ，日本ではきわめて短期間にアナログオー

ディオを駆逐してデジタルオーディオの時代が到来した。どこまでの周波数が記録されているかが自明とは言えないアナログオーディオとは異なり，デジタルオーディオでは記録再生周波数の上限は，アナログ／デジタル（A/D）変換の際の標本化周波数（サンプリング周波数）によって規定される。A/D 変換の際に，アナログ信号に含まれる最大周波数の 2 倍以上の周波数で信号を標本化（サンプリング）すると，もとのアナログ信号の連続波形を再現することができる。

　そこで，CD 規格の標本化周波数をいくつに設定すべきかについての研究が，その実用化に先立って，国内外の複数の研究機関で行われた。それらの研究はすべて，帯域制限をした音としない音とを聴き比べ，同じか違うかを判断させる心理実験として，国際標準団体（CCIR，現在の ITU-R）の勧告に従って厳密に行われた。その結果，15 kHz 以上の高周波の有無は統計的有意に判別できない，という結果が共通して得られ，CD の標本化周波数はそれを十分に上回る44.1 kHz（22.05 kHz まで記録再生可能）に設定された。

2．可聴域をこえる高周波は基幹脳を活性化する

　CD で採用された標本化周波数への疑問の声は，CD 登場の当初から，アーティストやオーディオ愛好家の間から少なからず挙がった。そのひとり，音楽家・山城祥二（本名 大橋力）は，LP の全盛期に20 kHz を大きく超え時として50 kHz をも上まわる「聴こえない超高周波」を電子的に強調すると音の味わいが歴然と感動的になる，という体験をもち，この技を自身が制作する LP の隠し味として使っていた。ところが，CD の時代に入り，同じアナログマスターテープからつくられた LP と CD とを比較してみると，22 kHz 以上の高周波を記録できない CD で

はこの隠し味が全然効かず，音質も感動も格落ちであるという事実に直面し，大変ショックを受けたと言う（→参考文献1）。同じように感じたレコーディングエンジニアも，少なからず存在した。ところが，高周波の効果があると確信しているエンジニアたちを被験者にして高周波の有無による音質の違いを評価する音響心理実験を行うと，15 kHz以上の高周波の有無の聞き分けはできない，という矛盾する結果が得られた。このような状況のなか，音楽家であると同時に研究者でもあった山城こと大橋力は，この音質と感動の明らかな違いが科学的に否定されるとしたら，それは実験のやり方に問題があるのではないかと考え，過去の研究方法の全面的な見直しに着手した。

それまでの音響学の研究手法は，「聴こえない高周波」の効果を，聴く人が音質の違いとして捉えたかどうかを答えさせる，つまり「心に聴く」方法一本槍だった。それに対して大橋は，心の働きを生み出す脳の反応として高周波に対する反応を捉える，いわば「体に聴く」方法を導入することを構想した。ただし，1980年代半ばには健常者を対象とする脳機能研究手法はまだ確立していなかったため，研究方法をゼロから組み立て直すところから出発せざるをえなかった。可聴域上限をこえる高周波を収録する録音機，超広帯域に対応した周波数分析装置，高周波を忠実に再生する再生装置類に関する技術も確立していなかった。

大橋はまず，萌芽期にあった超広帯域デジタル録音技術に注目し，早稲田大学教授山崎芳男（当時）の協力を得てオリジナル録音機を実現し，それを駆使して超高周波成分を豊富に含むバリ島のガムラン音楽を自ら録音した。そして，その録音物を電子的に処理し，可聴音と，聴こえない超高周波成分とに分け，大橋自身が設計したオリジナルスピーカーを用いていろいろな組み合わせで呈示することを可能にした。それを聴取している実験参加者の脳の働きに違いがあるかどうかを検討する

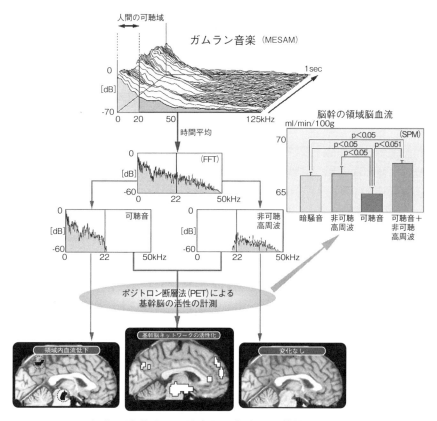

図 6 - 1　超高周波成分が可聴音と共存すると基幹脳血流が増大する

ために，脳血流を画像化するポジトロン断層撮像法（PET　第5章参照）という先端的な脳イメージング手法による計測が行われた。計測にあたっては，計測環境によって脳の報酬系の活性が低下することを避けるために，さまざまな工夫が凝らされた。

その結果，可聴音だけを呈示した時，音を呈示していない時に比べて脳深部の領域脳血流が低下した（図6-1下の左側の画像）。聴こえない超高周波だけを呈示した時は，何の変化も観察されなかった（図6-1右）。ところが，脳深部の血流低下をもたらす可聴音と，脳血流に何の変化ももたらさない超高周波とを一緒に呈示すると，脳の奥にある中脳，視床，視床下部，そしてそこから前頭前野に拡がる報酬系神経ネットワークが統計的有意に活性化する，という現象が発見された（図6-1中央）（→参考文献2）。

超高周波を含む音によって活性化されることが見いだされた中脳・視床下部・視床を含む脳深部は，脳のなかでも身体の内部環境を調整する上でもっとも重要な役割を果たし，生命を維持するために決定的な働きをしている。同時に，第5章で説明したように，美しさや快さを生み出して行動を制御する報酬系神経回路が所在する部位でもある。この部位は，生きていく上で必要不可欠な脳の基幹的機能を担っているので，**基幹脳**と名付けられている。

なお，超高周波が可聴音と共存するときに活性化される脳の部位の大部分は，カナダの脳科学者ロバート・ザトーレが発見した「音楽に感動しているとき活性化する脳の部位」（→参考文献3）とよく一致しており，超高周波の共存が音楽の感動を増幅することを支持している。

3. 高周波による多様な効果——ハイパーソニック・エフェクト

　領域脳血流の計測と同時に行われた脳波計測により，α波のパワーが基幹脳の領域脳血流量と並行して変動することが，世界で初めて見出された。

　ただし，α波のパワーは超高周波を含む音の呈示を始めてから20〜30秒間かけて増加し，超高周波を含む音が呈示されている間，その活性は保たれる。これを可聴音のみの音に切り替えると，約100秒間近く活性が残留したのち減少する(図6-2)。つまり，超高周波を含む音は時差を伴ってα波を増大させ，その立ち上がりは遅い上に残像が残ることが，脳血流の計測実験に先だつ研究により明らかにされている（→参考文献4）。

　さらに，超高周波を含む音の呈示によって，ガンの一次防御などに機能するNK（ナチュラル・キラー）細胞などの免疫活性の増大，アドレナリンやコルチゾールといったストレスホルモンの減少も見出された。同時に，基幹脳に含まれる報酬系が活性化されることにより，超高周波を含む音をより美しく快適に感じるという心理反応が導かれ，音に対する感動が深まり，感覚が鋭敏になるとともに，超高周波を含む音をより大きな音量で聴くように振舞う，という感性刺戟に対する接近行動も見出された。しかも，これらの複数の原理の異なる指標で見出された効果はすべて統計的有意性を示しており，人類に普遍的な応答である可能性が高いことを示唆している（図6-3）。こうした一連の現象は**ハイパーソニック・エフェクト**と名づけられた（→参考文献5）。

　このハイパーソニック・エフェクトを発現させるには，特別な条件が

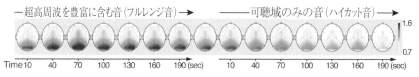

図6-2　超高周波を含む音は時差を伴って脳波α波を増強する

82

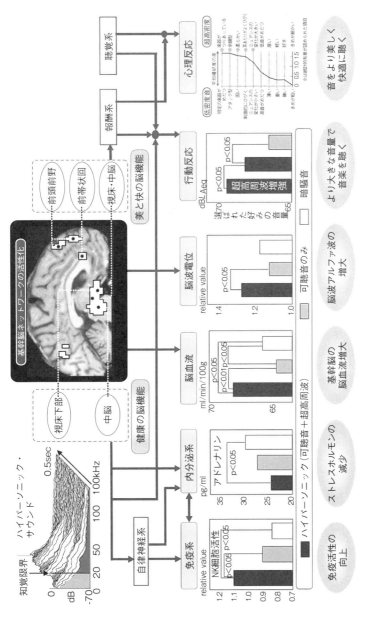

図6-3　ハイパーソニック・エフェクト

あることも明らかになっている（→参考文献8）。まず，超高周波なら何でもよいわけではなく，正弦波やホワイトノイズのように時間的に定常な超高周波ではこの効果は発現しない。楽器音や自然環境音のように，ミリ秒オーダーのミクロな時間領域で複雑に変化する非定常な超高周波が必要であることがわかった。また，可聴域を超える周波数帯域のなかで基幹脳活性化効果をもつのは40 kHz以上，とくに効果が大きいのは80～88 kHzという高い帯域で，可聴域から32 kHzの帯域は基幹脳活性を低下させるネガティブ効果をもつことも分かってきた。さらに，イヤホンを使って高周波を呈示してもこの効果は現れず，超高周波を体表面に当てないと効果が発現しないという特徴があることも見出された。つまり，人間は聴こえない超高周波を耳からではなく身体の表面で感じている。これらの知見は，人間の新しい感覚受容メカニズムの発見につながるものとしても注目されている。

　一方，広帯域音響の計測分析手法が発展することにより，楽器音や歌

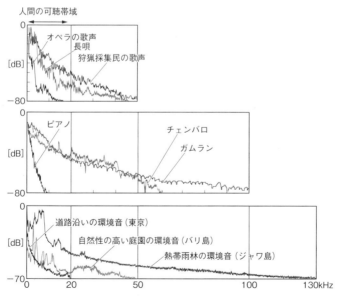

図6-4　音楽と環境音に含まれる超高周波成分の例

声の一部，自然性の高い熱帯雨林環境音には可聴域上限を大幅に超える
高周波成分を含むものがあることも分かってきた。それに対して，都市
の環境音や一部の楽器音や歌声には高周波が大幅に欠落しているものが
あることも明らかになっている（図6-4）。

4．なぜ超高周波への反応は見逃されたのか

　これほど顕著なハイパーソニック・エフェクトが，なぜ従来の音響学
では見逃されてしまったのだろうか。それは，当時の音響学と脳神経科
学との連携が不十分であったことが主因と考えられている。そのポイン
トは，神経細胞のつなぎ目，シナプスでの化学伝達に要する時間特性に
あることが後に明らかにされた。

　見たり聴いたりする脳の働きに関わる神経伝達物質のシナプス伝達時
間は，ミリ秒単位というほとんど瞬時に行われる（図6-5左）。一方，美
しさ，快感，感動などを司る報酬系神経回路では，シナプスで化学伝達
が実現するのに必要な時間が非常に長く，また一度化学伝達が起こると，
それが数十秒から数分にわたって続く，つまり遅れを伴うという特徴が

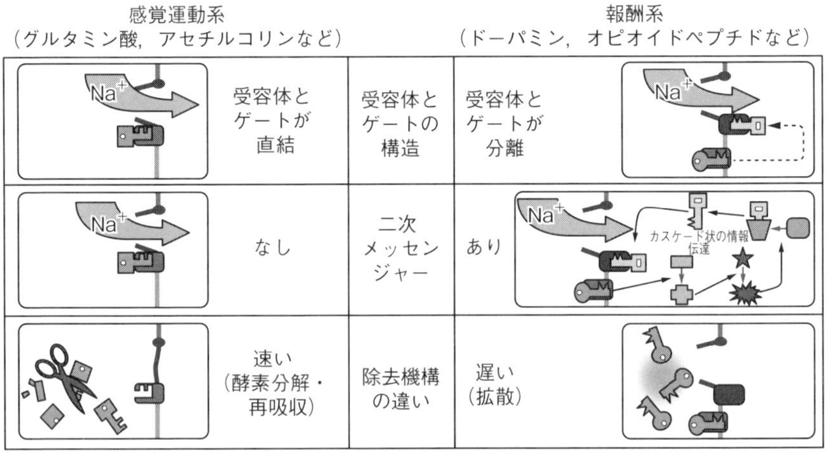

図6-5　神経細胞の情報伝達の時間特性

あることは，脳神経科学の領域では早くから知られていた（図6-5右）。この知見は，超高周波を含む音は時差を伴って α 波を増大させ，その立ち上がりは遅い上に残像が残るという現象に，シナプスでの化学伝達に時間を要する神経伝達物質，すなわち脳の報酬系が関与していることを裏付けている。

　それに対して，高周波の有無が音質に与える影響について検討した1980年代の音響実験では，呈示される音の長さは国際的な勧告に従って20秒以下とされ，短い音を次々と呈示して評価させる時間構成になっていた。このやり方は，聞こえるか聞こえないかといった聴覚系だけに注目した音の感じ方の違いを調べるには適している。しかし，脳の報酬系がかかわる超高周波に対する脳の反応には大きな遅れと残像があるため，短い音を切り替える音呈示方法では，超高周波の有無による音質の違いが「脳活動の残像」に埋もれてしまい，検出できない可能性が高くなる。

　反対に，この脳の反応の時間遅れを考慮して，200秒という国際標準で認められている一番長い呈示時間の10倍もの長さの音を呈示した心理実験では，超高周波の有無による音質の違いは明瞭に検出された。つまり，従来の音響学で使われていた音質評価方法は，脳の反応の時間特性の差を無視した実験デザインであったために，ハイパーソニック・エフェクトを見逃したと考えられる。

5．人にやさしいオーディオ・ビジュアルメディアへ

　超高周波成分が可聴音に共存することの効果についての知見が蓄積されるにつれて，デジタルメディアも変化を遂げてきた。1999年には，スーパーオーディオ CD（SACD），DVD オーディオなど，可聴域上限

を大幅に超える周波数帯域（DVD オーディオで96 kHz まで）まで記録可能な次世代 CD 規格が実用化された。また，ブルーレイディスクにも可聴域上限をこえる高周波を記録できる音声規格が盛り込まれた。それらはいずれも CD と同様に直径12cm の光ディスクにデータを記録している。

21世紀に入ると，ネットワークを介して音源をダウンロードしパソコンや専用再生機を使って再生する**ハイレゾリューションオーディオ（ハイレゾ）**が実用化された。ハイレゾには，PCM（Pulse Code Modulation）方式と DSD（Direct Stream Digital）方式とがあり，ハイパーソニック・エフェクトを導く40 kHz を上回る超高周波成分の記録が可能な規格での音源配信も普及しつつある。ただし現状では，超高周波が記録可能な規格だからといって，すべてのハイレゾコンテンツに超高周波が豊富に含まれているとは限らず，超高周波を忠実に再生できるスピーカーが稀少であることなど，課題も少なくない。ともあれ，ハイレゾリューションオーディオは，人間とりわけその脳の応答に関する理解の深まりによって，実用化が後押しされた情報技術として注目される。

映像については，いわゆる「ポケモン事件」のように光過敏性発作を誘発する刺激的で高度な映像演出，手ぶれを伴う動画による「映像酔い」など，映像によって健康に侵害的な影響が及ぶ事例が報じられ，映像がもたらすマイナスの健康影響の存在が無視できなくなり，各種のガイドラインが設けられている。

一方，画像処理技術の発達やネットワークの高速大容量化に伴って，映像の高精細化が進展し，ハイビジョン（2 K 映像）は一般化し，より高精細な4 K 映像，8 K 映像の放送が始まっている。映像の精細度を高めることにより脳波 α 波が増大し，基幹脳ネットワーク活性が高まり，視聴意欲や快適性の高まりがもたらされることなども明らかになってい

る（→参考文献 5）。今後，視聴覚メディアと脳との適合性という観点からの研究が一層，望まれている。

　これまでは，メディア技術に人間が「適応」することが暗黙裡に要求されてきた。情報技術が発達した現在，脳の応答特性に合わせた「脳にやさしいメディア技術」が求められ実現しつつあるといえよう。

　さて，第 2 章から第 6 章までは，情報技術によって解明されつつある人間の体内における生命現象としての情報処理に注目し，その仕組みや特徴，そしてそれら知見の応用について学んできた。第 7 章以降は視点を転じ，そうした人間たちが行うさまざまな行動や社会活動の局面で，情報技術がどのように活用され，人間に対する理解を深化させているかについて学ぶ。

参考文献

1　大橋力『音と文明――音の生態学ことはじめ』岩波書店（2003）

2　Inaudible high-frequency sounds affect brain activity, A hypersonic effect, Oohashi T, Nishina E, Honda M, Yonekura Y, Fuwamoto Y, Kawai N, Maekawa T, Nakamura S, Fukuyama H and Shibasaki H, Journal of Neurophysiology, 83 : 3548-3558 (2000)

3　AJ Blood, RJ Zatorre, Intensely pleasurable responses to music correlate with activity in brain regions implicated in reward and emotion, Proceedings of the National Academy of Sciences 98 (20), 11818-11823 (2001)

4　High Frequency Sound Above the Audible Range Affects Brain Electric Activity and Sound Perception, Oohashi T, Nishina E et al. Audio Engineering Society 91st Convention Preprint 3207 (1991)

5　大橋力『ハイパーソニック・エフェクト』岩波書店（2017）

学習課題

1）CD, DVD オーディオ, ブルーレイディスク, ハイレゾリューションオーディオなどのデジタル音声規格が策定された経緯を調べ, どのような要因が重視されてその規格が決まったかを考えてみよう。

2）LP, CD, MP3, ハイレゾリューションオーディオなどさまざまな規格で録音された音楽を聴き比べ, 規格による音質の違いを感じ取ってみよう。

7 | 非言語行動に着目した
会話インタラクションの理解

角　康之

《**目標＆ポイント**》　会話参加者の発話，視線移動，ジェスチャ，うなずき，あいづちといった非言語行動に注目して，会話状況の理解や，会話参加者の意図の推定を試みる研究について述べる。非言語行動から会話状況を理解することの意義を説明してから，非言語行動の計測や解釈に情報技術がどのように活用されているかを紹介する。
《**キーワード**》　社会的インタラクション，非言語行動，データマイニング

1．会話における非言語行動

　我々は会話するとき，発話している内容とともに，視線，ジェスチャ，うなずき，あいづちといった非言語行動（発話以外の行動）によって様々な意図を表現する（参考文献→1）。非言語行動は無意識のうちに，互いの心的状態を伝え合ったり，会話の流れを制御している。

　従来のコンピュータが主に扱ってきたのは言語的な情報なので，そういった人の非言語行動から意図を読み取ることはまだ苦手である。しかし，我々が会話中に行う非言語行動はランダムに発生するわけでは無く，しかるべき場所，しかるべきタイミングで発生する。例えば，うなずきやあいづちは話し相手の発話への同意や発話継続の促しとして使われるし，指さし行為は場所やタイミングに強く依存する。したがって，その時空間パターンに着目すれば，会話状況を判定したり，会話参加者の意図を読み取ることも可能なのではないだろうか。事実，我々人間は

日々無意識のうちにそうしている。コンピュータは，パターンの認識や大量データとの照合を得意とするので，コンピュータやロボットが，我々人間と同様に，人の非言語行動から会話状況や会話参加者の意図を読み取ることは可能なのではないだろうか。

コンピュータは従来のデスクトップ型の形だけでなく，情報家電，ロボット，センサネットワークなどの形で我々の社会的活動に浸透しつつある。そういったコンピュータを我々の社会的パートナーとして迎え入れるには，言語的な情報だけでなく，我々が何気なく使っている非言語的な情報も，コンピュータに理解してもらう必要がある。近年のWWW（World Wide Web）の発展などに伴う言語的な研究資源が言語情報学の発展に大きく寄与したように，非言語情報の研究は実際の人のインタラクションから得られた非言語データを研究資源とする必要がある。本章では，会話インタラクションの際に発生する非言語行動に着目し，非言語行動のセンシング，解釈，応用について概観する。

2．発話交替

非言語行動が会話の進行にいかに強くかかわっているかを見るために，発話交替を例に話を始めてみよう。我々は会話をするとき，あまり同時には発話しない。誰かが発話している間は他の会話参加者は，短いあいづち（「うん，うん」，「なるほど」など）を除いて，基本的には発話することを避ける。また，誰かが発話を終了すると，長い沈黙を避けて，誰かが発話を開始する。

2人だけで対話しているときは，一方が発話をやめれば，次に発話をすべき人はもう一方の人であることが多いので，発話交替はそれほど難しくないように思える。しかし，3人以上の会話だと，誰かが発話を終

了した後，次に誰が発話すべきかは決定的ではない。にもかかわらず，日常の立ち話や居酒屋のおしゃべりなどを観察してみると，人間はうまく発話交替を行っている。たまには，発話がかぶってしまうこともあるが，すぐに通常の発話交替のリズムを回復させる。このことは，大変すごいことなのではないか。試しに，人と自然に発話交替できるロボットを作ることを創造してみよう。そんなに簡単ではなさそうである。

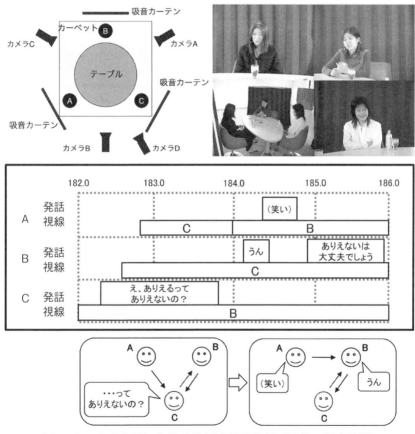

図 7 - 1　3 者会話における発話交替の分析（提供：伝康晴氏）

　ここで紹介する伝康晴らの研究（参考文献→2）は，結論を単純化すると，「次の発話者は，聞き手の視線投票によって決まる」という現象を紹介している。図7-1に示すように，伝らは3人の自由会話の様子をビデオ収録し，会話参加者各々の発話と視線方向を時間軸に並べ，それらの時間遷移パターンを分析した。図にあるのは発話者が交代するシーンの典型例である。Cの発話中，A，B両者はCの方を向いている。Cは発話しながら主にBの方を向いている。Cが発話を終えると，Aは笑いながらBの方に視線を向ける。そのことによって，BはA，C両者の視線を獲得し，発話権を獲得する。そのことによってスムーズに発話を開始する。

　翻って普段の会話状況を思い返してみると，確かに，他の会話参加者の視線を獲得していると，発話をしやすいし，むしろ，発話しないといけないような気持ちになる。逆に，他の参加者が視線を向けていない人がいきなり発話を始めると，かなり強引な印象を持つ。また，自分自身が発話したい気持ちが高まったときには，あいづちやうなずきを行うことで，無意識のうちに他の会話参加者からの視線を獲得しようとしているように思われる。このように，上記の分析結果は我々の直感にかなり適合するものである。

3. 会話インタラクションの計測

　前節で見たように，発話交替という現象を一つとっても，我々は何気なく会話をしているようでいて，ある程度の規範を持ちながら会話を進めており，そのような規範は非言語行動に現れる。これ以降，本章では，非言語行動から会話インタラクションの規範を読み取る試み，特に，情報技術を導入することによって可能になった取り組みについて述

べる。具体的には，会話時の姿勢，ジェスチャ，視線移動といった非言語行動に着目し，それらを効率よく計測し，分析可能なデータにするためのセンサ技術や画像処理技術を紹介する。

　非言語行動が状況に依存する，つまり，身振り手振りや視線移動はランダムになされているわけではなく，会話状況に依存して発生することは，大量データの統計処理によって顕在化する。つまり，統計処理によって偶然的確率から大きく外れた現象に着目すれば，状況に依存した規範を見出すことができる。

　そういったデータ指向の統計処理を実現するには，大量のデータを正確かつ効率よく収集する必要がある。そのために様々なセンサ技術やデータ収集の方法が工夫されてきた。本章では，筆者（角康之）らの研究グループが行ってきた研究開発事例を紹介することで具体的な試みを説明する。

　図 7 - 2 は，2000 年代半ばに京都大学の約 80 平方メートルの大きさの部屋に設置された，多人数インタラクションを計測する環境のシステム構成である（参考文献→ 3）。ここでは，立ち話，ミーティング，ポスター発表，ボードゲームなど，様々な状況設定をしながら 3 〜 5 人の会話インタラクションのデータ計測が行われた。カメラやセンサ類の性能や使い勝手の向上は日進月歩だが，基本的な構成や複数センサの統合利用のための手順などは基本的に変わっていないので，少し古い事例ではあるがこのまま説明を進める。

　ここには，以下のようなデータを取得するための設備及び装置が備わっている。

・複数方向からの映像を捉える環境設置カメラ
・参加者ごとの発話を取得する無線の頭部装着型マイク
・参加者の位置や身体部位の動きを取得するための光学式モーション

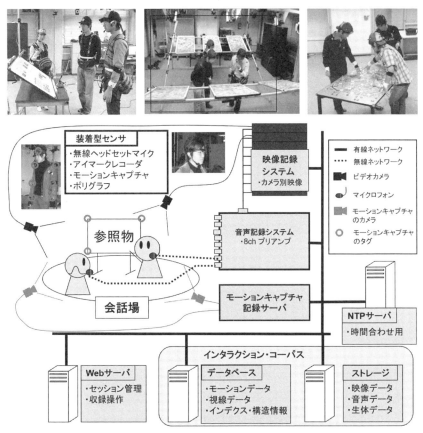

図7-2 多人数インタラクションの計測システム構成

　キャプチャシステム

・参加者の視線の動きをとらえる頭部装着型の視線計測装置

　環境設置カメラによる映像は，データ分析時に最も参照されるもので
あり，人手によるデータへのアノテーション付与に使われたり，自動付
与されたアノテーションの妥当性を確認する際に利用される。頭部装着
型マイクで記録された音声は，会話内容の聞き取りはもちろんのこと，
各人の発話の有無の自動検出にも利用される。モーションキャプチャに
よる 3 次元データは，各人の位置と移動，頭部運動，手によるジェス
チャの自動判別に利用される。視線データは，モーションデータと併用
することで，視線対象の特定を自動化するために利用される。これらの
装置に加えて，必要に応じて他のセンサ類，例えば，生体データ計測の
ためのポリグラフや脳波計測装置を持ち込むこともできる。

　モーションや視線の計測の様子を図 7 - 3 に示す。一番上の写真は光
学式モーションキャプチャシステムの動作例である。計測対象となる人
物の頭部，肩，腕，胴体等に光を全反射する球状のタグを付け，部屋の
周りに設置した複数のカメラによって各タグの位置を数ミリ秒ごとに計
測する。そして，それらの 3 次元座標から身体全体や部位の位置や動き
を読み取る。

　中央の写真は，視線計測装置の動作例である。装着者の頭部方向の映
像中に十字のマークが表示されているが，それが装着者の視線方向を表
している。この例では，話し相手が指さした先に聞き手の視線が向いて
いることを確認できる。ただし，この装置だけでは頭部方向からの相対
的な視線方向しか見出すことができないので，視線が向けられた対象を
機械的に見出すには，先のモーションデータから装着者の頭部位置と向
きを特定した上で，視線ベクトルをその頭部に重畳する必要がある。

　最後の写真は，カーネギーメロン大学が研究開発している OpenPose[1]

---

1 ）https ://github.com/CMU-Perceptual-Computing-Lab/openpose

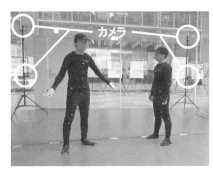
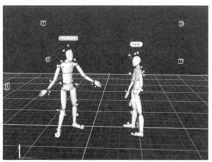

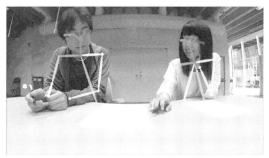

図7-3 モーションや視線の計測：光学式モーションキャプチャシステム，
視線計測装置，通常映像からのモーション計測

と呼ばれるソフトウェアにより，通常のカメラ映像からモーション計測をしている例である。光学式モーションキャプチャは，言ってみれば，コンピュータによる画像処理を楽にするために，身体部位に特殊なタグを貼り付けていた。しかし，タグの取り付けや特殊な赤外線カメラを利用する手間やコストの高さが，利用機会を狭めていた。一方，昨今の深層学習（人工知能技術の一つ）の発展により，通常のカメラ画像から高精度な人体検出や顔検出が容易になり，さらには，身体モーションの判別も可能になりつつある。

4．会話インタラクションの分析

　計測されたデータ自体は，複数の映像や音声に加え，モーションキャプチャや視線計測に対応した大量の座標データで構成される。一方で，我々が読み解きたいのは，会話インタラクションにおける状況解釈，つまり，グループ内での参加者の役割変化や意図である。それらの間には大きな意味的ギャップがある。そのギャップを埋めるには，計測データから状況解釈までの間を，順々に解釈の抽象化を上げていく手順が必要である。

　図 7-4 は，階層的に解釈を積み上げていく方法を模式化したものである。この解釈モデルは 4 層に分かれている。

　最下層は計測機器により収録されたデータそのものであり，データの解釈はなされていない。ここには基本的に波形型のデータ（音声など）と幾何学型のデータ（モーションデータや視線データ）が含まれる。

　これらのデータからある程度の時間幅でインタラクションの要素を抽出したのが，2 層目のインタラクション要素層である。具体的には，発話（音声のパワーが持続した時間範囲を抽出したもの），注視（視線が

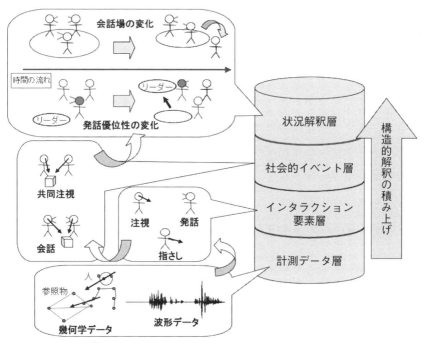

図7-4　インタラクションの階層的解釈

特定の対象物に衝突した時間範囲を抽出したもの），指さし（頭部から手先を経由して伸ばしたベクトルが特定の対象物に衝突した時間範囲を抽出したもの）といった現象を機械的に抽出したもので構成される。

　3番目の層は，複数人の参加者間に生まれる社会的なイベントについて解釈した結果を蓄える層である。2階層目で抽出された複数のインタラクション要素を，時空間的に共起したものを組み合わせることによって，有意な社会的イベントを抽出することができる。例えば，複数人が同一の対象物に目を向ける「共同注視」や，特定の注目対称を共有しながらの会話行為といったイベントがここで抽出される。

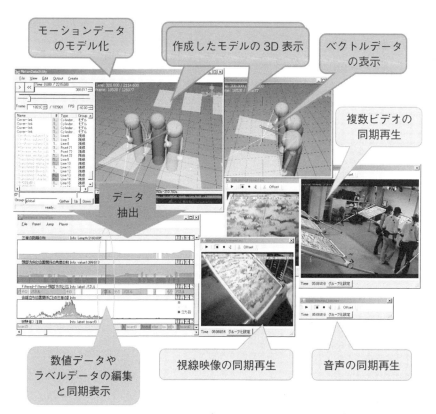

図 7-5　インタラクションデータの閲覧・ラベリング・分析

　最上位層は，さらにインタラクションの文脈（流れ）を解釈する層であり，**状況解釈層**と呼ぶ。例えば，会話場の発生やメンバーの移動，会話のリーダーの交替といった抽象度の高い解釈を試みる層である。

　図7-4の各階層間には多くの手間のかかる作業が存在し，個々の研究者や分析者は各自の知識や経験に基づいて試行錯誤を重ねてきた。ここでは，そういった分析作業を行うために筆者らが開発したソフトウェア iCorpusStudio を紹介する（図7-5）。iCorpusStudio は大きく分類してデータ閲覧部と解釈演算部からなる。iCorpusStudio を用いることで，分析者は映像・音声・モーションデータなど，収録したデータを同時再生しながら閲覧することができる。一方，発話の書き起こしや各モダリティの解釈を時間幅のあるラベルとして表現することができ，ラベル間の演算（AND 検索や OR 検索など）を行うことで，モダリティ間の時間構造解釈のための仮説を即座にプロトタイプし検証することができる。

　ユーザは，必要に応じてビデオ映像や音声データを開いて同期させながら閲覧することができる。また，モーションキャプチャで取得された各マーカの3次元座標データから，会話参加者の身体モデルや参照物（ポスターなど）の形状をモデル化し，任意の角度から閲覧することができる。また，モーションデータのビューワの上では，視線や指さしなどのベクトルデータも表示できるので，複数人の共同注視や，指さしと視線の同期など，社会的インタラクションとして興味深い現象を直感的に確認することができる。

　左下にあるウィンドウでは，音声波形データや発話書き起こしのラベルデータなどを同期しながら閲覧することができる。また，会話参加者間の立ち位置の距離や任意のベクトル間による角度など，数値データをグラフ表示することが可能である。つまり，分析者であるユーザは，例

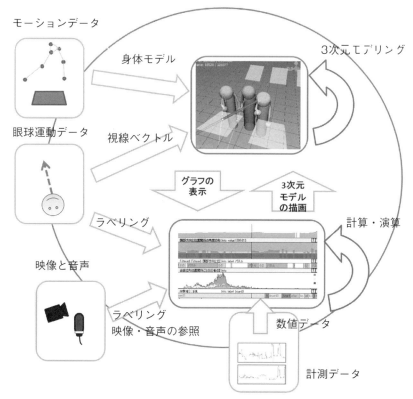

図7-6　マルチモーダルデータの解釈プロセス

えば，会話参加者間の立ち位置の距離や角度の変化と話題の関係に注目
して分析したり，頭部方向が視線をどの程度近似可能かをシーンの文脈
に対応させて分析するといったことが，簡単な演算の組み合わせですぐ
に試すことができる。

　以下，iCorpusStudio を使ってマルチモーダルデータを解釈する一連
の作業例を，図7-6を用いて説明する。iCorpusStudio ユーザは，イン
タラクションの要素やシーンの解釈を時間幅のあるラベルとして書き下

すことができる。例えば，発話区間をラベリングするには，多くの場合，音声パワーの閾値を設けて発話の有無を判別し，時間方向の細かすぎる空白やノイズを取り除くことで平滑化を施す作業を行う。こういった作業では，複数存在するパラメータの調整を繰り返しながら，データ毎に同じことを繰り返す必要がある。そういった一連の作業を支援するために，iCorpusStudio では，閾値を超えた時間区域を抽出してラベルを自動生成したり，ラベル列からのノイズ除去や平滑化といった作業をツールキットとして提供している。

　さらに iCorpusStudio の重要な機能として，ラベル間の演算がある。ラベル間の演算を行うことで，図7-4における，インタラクション要素の集合から社会的イベント，さらには社会的イベントの集合から状況解釈といった，より抽象度の高い解釈を行うことが可能になる。

　また，他のモダリティのラベルを用いた文脈を考慮し，ある条件のもとで発生するラベルだけを抽出したいことがあり，そういったモダリティ間の発生ルールを見いだすことが多くの分析研究者の興味の対象となる。iCorpuStudio では，そういった仮説の検証作業を支援するために，ラベル間の共起関係の検索結果をルールとして設定し，それらのルールを段階的に組み合わせることで，多層的な条件検索を可能にする機能を提供している。

　iCorpusStudio には，モーションデータを読み込み，コンピュータグラフィクスによる3次元モデルを可視化するビューワを用意してある。モーションキャプチャシステムから得られるデータ自体は，身体に貼りつけたタグの3次元座標でしかないので，それらのタグを基点とした球，円柱，円錐といった基本的なモデル定義と，それらの組み合わせによる身体モデル生成を行う必要がある。

　また，視線計測データを読み込んで視線ベクトルを表示したり，上記

で生成されたモデル上の任意の2点をつなぐことで，頭部方向，指さし方向，身体の向きなどのベクトルを定義し，半直線として表示することが可能である。

このようにして可視化された3次元モデルを参照することで，任意の方向から身体動作を閲覧することが可能になり，映像と情報を補完し合いながら，データを閲覧することが可能になる。

上述したような3次元モデルが一旦手に入ると，モデル上の任意の2点間の距離やベクトル間の角度など，元々観測していなかったデータを新たに生成することができる。そうすることで，インタラクションの解釈をよる抽象的なレベルに積み上げていくことが可能になる。

5．非言語行動に着目した会話状況理解

非言語情報から会話状況の解釈を試みた例を示す。具体的には，タスク遂行型の3者会話において，会話参加者ごとの会話参与に対する積極性を，非言語情報のみから推定することを試みた。

ここでの興味は，抽象度の低い非言語行動の要素の組み合わせから，会話の意味的な状況やシーンの転換点などを見つけることである。その試みのひとつとして，発話，視線移動，指さし行為といったインタラクション要素の組み合わせから会話参加者の会話参与積極性を数値化することを試みた（図7-7）。

具体的には3人によるボード上の作業を伴う合意形成型の会話状況を設定し，35分間の会話データを計測した。その会話データを，分析者（筆者ら）が16のシーンに分け，9人の実験協力者に閲覧してもらい，それぞれのシーンについて主観的に評価してもらった値（各シーンにおいて3人の参加者の積極性を順位付ける）を平均化し，会話参与積極性

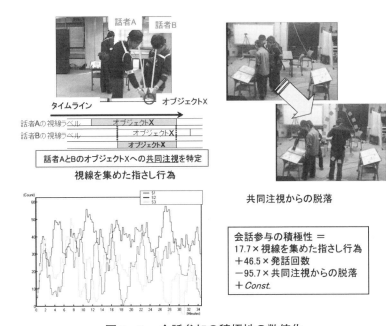

図 7 - 7　会話参加の積極性の数値化

の正解データとして利用することとした。

　その正解データを用いて，我々の計測環境から得られたインタラクション要素，社会的イベントを説明変数とした重回帰分析を行った。具体的な説明変数は，インタラクション要素として，

　・指さし，あるいは，マグネット操作を行った回数

　・発話回数

を，社会的イベントとして，

　・300ms 以上の沈黙の後に発話を行った回数

　・他の会話参加者の発話にかぶせて発話を行った回数

　・他の会話参加者に注視された回数

　・他の会話参加者が注視された状況で指さし・マグネット操作を行っ

た回数

・共同注視から視線をはずした回数

を採用した。

その結果，発話回数は積極性に対して強い正の相関を示した。それ以外に，「視線を集めた指さし・マグネット操作」に正の相関が見られ，逆に，「共同注視からの脱落」に大きな負の相関が見られた。これらは我々の直感と合う。このことは，非言語行動に関するデータ分析的なアプローチで，人の直感に合う社会的インタラクションの解釈を見出すことの可能性を示している。言語的な意味理解を伴わずとも，その場を読みながら，我々人間と自然なインタラクションが可能なロボットや知能サービスを実現できる可能性につながると考えられる。

6．非言語行動の辞書と文法の構築

我々は会話中に，視線，指差し，うなずきといった様々な非言語情報を無意識のうちに用いながら，発話内容の補完をしたり会話の制御を行っている。そして，それらの出現パターンには一定の構造がある。前節までは，そういった会話構造について，先に仮説を立て，データに基づいてその検証を行うというアプローチを紹介してきた。

その一方で，多くの会話的インタラクションのデータをコーパス化することの意義のひとつは，データの中からボトムアップに新しい会話構造（会話プロトコルと呼んでも良いであろう）を見つけられる可能性があることである。また，会話構造は，会話の状況，会話参加者の個性，会話内容によって大きく変わると思われるので，会話構造を単独で議論するのではなく，そういった周辺的状況とあわせて会話構造の発生パターンを理解すべきである。

そこでここでは，データマイニング的手法を用いて，会話中に発生する非言語行動の出現パターンを抽出する試み（参考文献→4）を紹介する。この手法は，発話の有無，指さし，視線，うなずき，あいづちといった非言語行動が同時に出現する状態の時間変化パターンをN-gramで表現し，カイ二乗検定によって機械的に有意なパターンを抽出する方法である。図7-8は導かれた結果の一例であり，頻出する状況（この例では，3人がポスターに共同注視している状態）から続く一連の状態変化を示している。この例からは，共同注視しているときには，発話者が聞き手よりも指さしをすることが多く，発話が重なったときには元の発話者が発話を続けることが多い，といった「文法」が読み取れる。このことは，我々が普段行っている無意識の常識的な会話プロトコルがインタラクション計測データから機械的に抽出できることを示している。

この手法を用いてポスター発表会話と自由に空間内を歩き回りながら

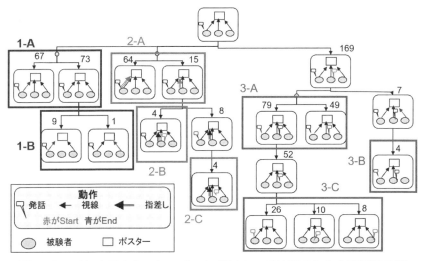

図7-8　インタラクションマイニングによって抽出された会話構造の例

の会話という2種類の3者会話状況における会話構造の自動抽出を試みた。その結果，「発話者は非発話者より指差しが多い」とか「うなずきの後にあいづちを行うことが多い」といった会話構造は2つの会話状況に共通して見られる一方で，「沈黙の後には元の発話者が発話を続ける傾向が高い」という会話構造はポスター発表会話特有のものであるといったことを確認することができた。このように，会話インタラクションの「文法」は様々な状況に共通したものもあれば，個別の状況に強く依存するものもある。そして，本章で紹介したような，情報技術を利用したデータ指向の方法をとることで，文化ごと，コミュニティごと，個人ごとに社会的インタラクションの「文法」を理解・活用することが可能になると考える。

参考文献

1　マジョリー F. ヴァーガス『非言語（ノンバーバル）コミュニケーション』新潮選書（1987）

2　Yasuharu Den and Mika Enomoto. A scientific approach to conversational informatics: Description, analysis, and modeling of human conversation. In Toyoaki Nishida, editor, *Conversational Informatics: An Engineering Approach*, chapter 17, pp. 307-330. John Wiley & Sons (2007)

3　角康之，矢野正治，西田豊明『マルチモーダルデータに基づいた多人数会話の構造理解』社会言語科学会誌，Vol. 14，No. 1，pp. 82-96（2011）

4　中田篤志，角康之，西田豊明『非言語行動の出現パターンによる会話構造抽出』電子情報通信学会論文誌，Vol. J94-D，No. 1，pp. 113-123（2011）

1）図 7 - 9 に示したような状況を想定して，それぞれ，どのような現象のモデル化が可能か考えよ。その際，どのような非言語行動に着目し，それをどう計測するかも考えてみよう。

2）本章で紹介したようなアプローチで，指さし行為と指さし対象を自動判別する方法をどう実現するか考えてみよう。モーションキャプチャデータを使って，まずは素朴に，手が標準的な位置からある程度離れた時間帯を抽出し，そのときの肘から手先に向けてのベクトルを生成する，という考えから始めてみよう。しかしそれだけだと，腕を組んだときや頭を掻いたときも指さしベクトルがあらぬ方向に向いてしまうであろう。さて，それならどうすれば良いだろうか。

3）本章では聞き手の頭部方向に着目した分析例を紹介したが，話し手の頭部方向がどうなっているか，身近な会話状況を観察してみよう。そして，その行動の背後にある発話者の意図を想像し，逆に，どのような計測・分析をすれば，その意図を読み取ることができそうか検討してみよう。

図 7 - 9　様々な会話インタラクションの状況 （イラスト：坊農真弓氏）

8 | ライフログ技術を使った社会活動の理解と活用

角　康之

《**目標＆ポイント**》　個々人の日常生活の映像，音声，行動履歴などを記録するライフログ技術を解説する。基盤となるユビキタスコンピューティング技術，画像処理技術について触れ，社会活動理解への応用についても紹介する。

《**キーワード**》　ライフログ，社会活動，記憶拡張

1. ライフログ

　ライフログとは，自分の生活に関する情報を記録することである。写真や映像を記録して，それらを家族や知り合いと閲覧・共有することは，誰もができるようになった。最近では，人物の顔や物体を識別する画像処理の発展により，大量の写真・映像をクラウドサービスに蓄積しておくだけで，自動的に映っている人物や物を手掛かりにした検索が可能になっている。

　最近は腕時計型の活動量計も普及しており，健康管理だけでなく，日常活動の振り返りの手掛かりとしても活用されている。そこでは，加速度センサや電子コンパスを利用し，身体の振動や動きを読み取って，行動の種類を判別する技術が利用されている。

　ライフログが研究テーマとして注目されたのは，2003年に米国DARPA の "Lifelog Program" と英国のグランドチャレンジ "Memories for Life" が開始された頃であり，Microsoft の MyLifeBits プロジェクト

を始めとする大きな研究プロジェクトが注目された（→参考文献1）。ま
た，モバイルコンピュータ，ウェアラブルコンピュータの普及が追い風
となった。いったんはプライバシー問題への反発から，国家的なプロ
ジェクトは下火になったが，一方で，スマートフォンなどの一般消費者
向け商品の浸透に伴い，潜在的にはライフログは当たり前の技術となり
つつある。

　ここでは，その背景にある技術や今後の進展を理解するために，いく
つかの研究事例を紹介する。特に，ライフログから，個人や組織の活動
の無意識の秩序を解明する試みに焦点を当てる。

2. 自動撮影カメラによる日常生活記録と記憶補助

　ライフログ研究の黎明期を代表する研究事例として，Microsoft 研究
所が研究開発した SenseCam（→参考文献2）を紹介する。これは，ライ
フログ専用のカメラで，首からかけて利用する（図8-1）。首からぶら
下げておくだけで30秒ごとに自動的に写真（VGA 解像度，130°視野）

図8-1　自動撮影カメラ SenseCam

図 8 - 2　SenseCam データの閲覧

図 8 - 1，図 8 - 2
Reprinted by permission from Copyright Clearance Center : Springer Nature,
Springer eBook, SenseCam : A Retrospective Memory Aid by Steve Hodges,
2006

を撮り，さらに多様なセンサ（温度センサ，照度センサ，赤外線モー
ションセンサ，加速度センサ，地磁気センサ）が内蔵されているので，
その変化が検出されたときに撮影したり，閲覧時の手掛かりとすること
ができる。

　参考文献 2 には63歳の記憶障害の女性患者を対象とした，SenseCam
の実証実験が紹介されている。複数のイベントで SenseCam を用いて
その患者視点の記録を行い，それぞれについて，2日おきに自動撮影さ
れた写真を振り返ることを繰り返したところ，丁寧に書かれた日記を読
み返すのに比べて約3倍の事象を思い出すことが可能になった。さらに
は，定期的な写真閲覧をやめた後に，1か月，2か月，3か月後に同様
の想起テストをしたところ，それらの記憶が定着していたということで
ある。

3. 共有体験の協調的な記録

SenseCam の事例は個人利用の効果を議論したものであった。一方，昨今は多くの人がスマートフォンを携帯し，いつでも写真を撮ったり，互いに交換することが容易になっている。また，眼鏡やブレスレット型のカメラを身に着け，各自の視点での写真や映像を常に記録することも技術的には可能になりつつある。現状でそのような常時記録をするのは一部の物好きだけであるが，すべての人がそれぞれ常時記録のカメラを装着し，各自の視点での体験や記憶を強化する手段を手にしたとき，どのような社会システムが生まれ得るであろうか。

筆者（角）らはそういう将来を見据え，複数の人々が身に着けたセンサと，環境に備え付けられたセンサによって，共有体験を一人称，二人称，三人称の多角的な視点で同時記録し体験強化するシステムを試作した（→参考文献3）。図8-3に示す通り，この場にいる人たちはカメラと

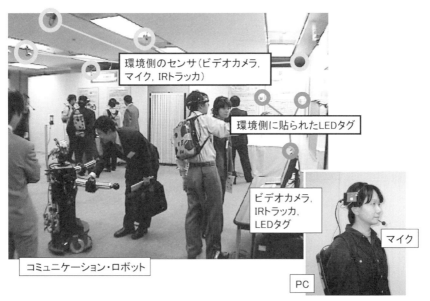

図8-3 ウェアラブル・ユビキタスセンサによる協調体験キャプチャシステム

マイクが内蔵されたヘッドセットをかぶり，各々の視点映像が記録される。映像記録用のカメラと一緒に赤外線タグを読み取るトラッカが内蔵されており，各人や環境に着けられた赤外線タグを実時間で読み取ることで，対面者や対象物（展示物やポスター）の存在を認識する。同様のセンサ群は天井や壁にも設置されている。

　各自が身に着けたカメラによって，各自の一人称映像が記録がされるとともに，対面者の身に着けたカメラには自分をとらえた二人称映像が記録される。また，環境カメラには自分たちが映っている三人称映像が記録される。上述した通り，どのカメラに誰・何が映っているかは実時間で認識されるため，図8-4に例示したような，複数視点映像を合成した個人体験ビデオを作成することが可能になる。その際，発話者の顔が映っている映像を優先的に選んだり，対話者二人を捉えた三人称視点映像を適宜挟み込むなどの映像文法に基づいた自動編集が可能である。

　目の前にいる人や物が瞬時に特定されるので，各自が身に着けたHMD（ヘッドマウントディスプレイ）には，対面者の名前や関連情報が表示可能である。また図8-3に示したようなロボットも，目の前にいる人の名前やそれまでの見学履歴を知った上で合理的な見学ガイドを

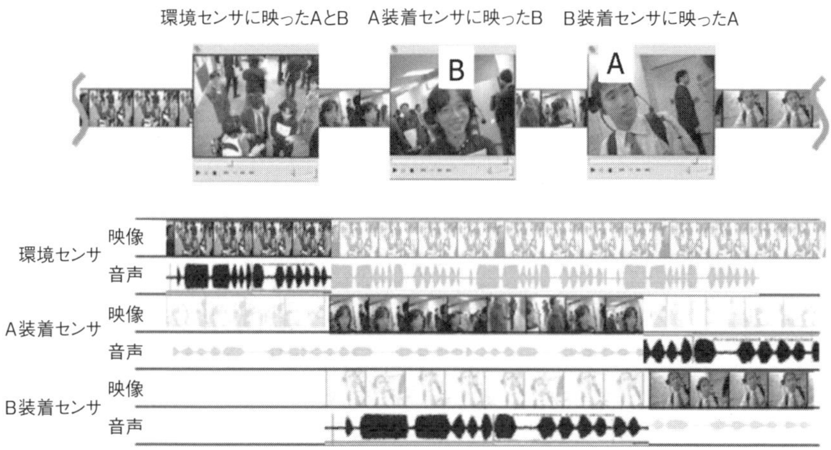

図8-4　複数視点映像の合成による体験サマリビデオの自動生成

行うことが可能になる。

　このような協調体験記録システムは，人の記憶や学習にどのような影響を及ぼすのであろうか。角らは，その一つとして，メタ認知，つまり，「～が好き」，「無意識のうちに～を選ぶ」といった何気ない個々人の認知を自らが認知するという行為を対象とし，共有体験を記録した多視点ビデオの閲覧の影響を調べた（→参考文献4）。その結果，体験直後には体験ビデオの閲覧によって，自らの何気ない判断や行為に関する記述が増え，具体的なエピソードに基づいた記述が増えた。

　また，半年後に実験参加者にビデオ閲覧してもらったところ，自らの体験ビデオを見ても一人称視点映像だけでは自らの視点映像であることに気づかない参加者がおり，二人称映像や三人称映像を見て初めて当時の状況を思い出す，という参加者が何人かいた。このことは，いくらライフログ技術が進んでも，個々人が自らの撮影した自分視点の写真や映像を蓄積・閲覧する範囲では自らの記憶や当時の感情を想起するには不十分であり，実際の文脈から切り離された記録の断片だけが独り歩きしてしまう危険性があることを示している。ライフログは，一部の物好きが個々人で実施するだけではなく，社会的なシステムとしてとらえる必要がある。

4. インタラクションの頻度に着目した 組織内ネットワークの分析

　写真や映像の記録ばかりがライフログではない。次に，各種センサを身に着けることで，隠れた社会的状況を読み取ろうとする試みを見てみよう。

　ウェアラブルセンサによって社会的インタラクションを計測しようと

する試みが数多くなされてきた。例えば MIT の Pentland らのグループは，赤外線センサやマイクから任意の参加者間の近接性を特定し，数日単位でグループメンバー間の社会ネットワークを取得する技術を開発してきた（→参考文献 5，6）（図 8-5，図 8-6）。

　日立の「ビジネス顕微鏡」（→参考文献 7）は赤外線センサで大まかな近接性を特定した上で，参加者間の身体動作の同期・非同期を加速度セ

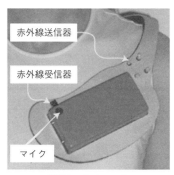

初期のソシオメータ

次世代のソシオメータ

ソシオメータを身に着けている様子

図 8-5　対人インタラクション計測装置ソシオメータ（→参考文献 5，6）

ンサで計測し，それらのデータから参加者間のグループ活動の種類と質の特定を試みた（図8-7）。そして，それらの長期的運用から，組織内活動の質評価や問題点の特定・改善への適用を行った。

ソシオメータによって計測された対面コミュニケーション量

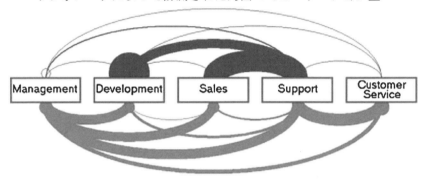

電子メールの量

図8-6　対人インタラクションの可視化例（→参考文献6）

名札型センサ　　　　　　　　　　　赤外線ビーコン

図8-7　対人インタラクション計測装置「ビジネス顕微鏡」（→参考文献7）

5．リストバンド型の日常活動記録計

　リストバンド型の活動量計測が広く使われるようになってきている。それらは主に，加速度センサによる振動パターンから静止，歩行，ジョギングを数え分け，一日の活動量を計測する。リストバンド型のセンサで一日の活動に関するライフログがとれるとしたら，一般利用への普及は広がりやすいであろうし，多くのデータが集まれば，社会知としての価値も高まるであろう。

　前川ら（→参考文献8）は，リストバンドの中に加速度センサの他に，カメラ，マイク，照度センサ，方位センサを組み込み，日常活動記録計を試作した。これらのセンサから得られたデータを統合的に解析し，時系列パターンに着目した識別器にかけたところ，歯磨き，料理，掃除，洗濯といった，手を用いる様々な日常活動を8割前後の精度で判別可能であることを確認した。さらに，行動判別へのセンサの寄与は，カメラ，加速度センサ，マイクの順であることも示した。

　IoT（Internet of Things）という言葉が示すように，身の回りの物や環境に埋め込まれたセンサ群で人々の活動を判別したり，それに応じたサービスを提供しようという試みは多い。それに対して，ここで紹介したような，当事者が身に着けた機器だけでライフログや振り返りが可能になるのは，運用やプライバシーの面でメリットがある。

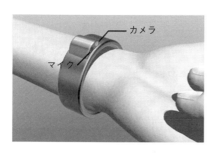

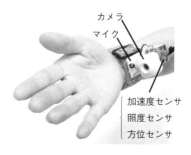

コンセプト・イメージ　　　　　　　　　　　試作デバイス

図8-8　リストバンド型の日常活動記録計（提供：前川卓也氏）

6. 一人称映像による社会的インタラクションの計測

　一人称ライフログ映像には，どこかで居合わせた人や対面した話し相手が映っている。我々のエピソード記憶の多くが「誰といたか」によって語られることを考えると，ライフログ映像に映った人を検索や閲覧の手掛かりにすることは理に適っている思われる。

　第8章.3で紹介したシステムでは，対面した人物を特定するために，特別な赤外線タグを利用していた。しかし，この10数年のうちに人物特定のための顔画像処理は飛躍的に進歩した。例えば，東京大学の佐藤洋一らの研究グループは，複数の人々が頭部装着型のカメラを身に着ける近未来を想定し，複数人の視覚情報による集合知として「集合視」という概念を提唱し，一人称視点映像による個々人の行動解析や社会的注視対象の自動抽出技術を提案している（→参考文献9）。

　一人称映像から社会的インタラクションを読み取ろうとする具体的な試みとして，ここではジョージア工科大学（当時）のFathiらの研究事例（→参考文献10）を紹介する。彼らは，画像処理によって，映像中の顔の抽出・人物特定だけでなく，視野に映った個々の顔の方向や立ち位置まで特定し，その時間的変化パターンから社会的インタラクションの状況を推定することまで試みている。図8-9に示した通り，頭部装着したカメラに映りこんだ人々の顔画像から，映り込んでいる人たちの立ち位置やその時点での注視対象を特定している。また，映像の揺れからカメラ装着者の頭部運動を計算することで，そこには映っていないカメラ装着者自身の注視対象も予測している。たった一つのカメラ映像から，ここまでのことができることは驚きである。

　上記の技術により，特定の人同士が居合わせた時間，対面した回数などのデータを蓄積する。図8-10は，そのデータを使ってグループメン

図 8-9　一人称映像から検出された社会的インタラクションの構造
（→参考文献10）

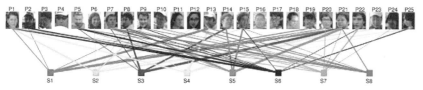

図 8-10　蓄積されたデータによる社会ネットワークの可視化（→参考文献10）

バー間の社会ネットワークを可視化したものである。昨今のクラウド
サービスでは，Facebook や Google Photos などでも自動的に写真・映
像中の人物特定がなされている。したがって，ここで紹介したようなラ
イフログを誰もが行うようになれば，我々の社会的な活動はより詳細に
データ化され，ひいては，友好関係が自動的に判定されたり，各々の体

験データを共有・交換することが進むであろう。

7．顔数計による社会活動量計測

　一人称ライフログ映像に映りこんだ顔の数を数えることで，日常の社会活動の量を測ろうとする試み（→参考文献11）を紹介する。一人称ライフログ映像には，会話した相手，単に居合わせた人，すれ違った人など様々な顔が映りこむ。それらを細かく分類することなく，単純に数を数えるだけで，大まかな一日の社会的な活動量を見ようという考え方である（図8-11）。

　現在広く普及している歩数計は単純に歩数を数えているだけであり，仕事，家事，スポーツ，散歩などの歩数を数え分けているわけではない。それでも，一日，一週間，一月といった単位で見ると十分生活における活動量変化の様子が読み取れる。また昨今では，歩行，ジョギング，乗り物による移動，睡眠といった大まかな身体活動の種類を分類して記録してくれるお陰で，日常の生活パターンや特定の日時の記憶をた

図8-11　一人称映像中に検出された顔数に基づいた社会活動量計測

どる手掛かりとして利用されている。

　ここで紹介した「顔数計」も，少人数での立ち話，雑踏の中での移動，複数人でのミーティングといった社会的活動の種類を数え分けることが可能である。また，顔画像処理が済んでしまえば映像はその場で消去可能なので，プライバシー侵害の危険性も低い。

8．感情に基づいたライフログデータのインデキシング

　装着者の表情変化に着目してライフログデータにインデクスをつける試みがなされている。

　Fukumoto ら（→参考文献12）は装着者の表情変化をセンシングする特殊な眼鏡を試作した。具体的には，眼鏡にフォトリフレクタと呼ばれるセンサを貼り付けることで頬と眼鏡との距離変化を測り，装着者の微笑や笑いの瞬間をとらえた。そして，それらの手掛かりを使ってライフロ

平常時

微笑

笑い

センサ装着者の表情判定

友人との会話

好きなものを見ているとき

友人との会話

おいしいものを食べているとき

「微笑」と判定されたシーンの例

図8-12　眼鏡型センサでの表情変化の検出によるライフログのインデキシング（提供：寺田努氏）

グビデオ閲覧を閲覧したところ，効率的に，友人との会話シーンや楽しい時間帯の写真や映像を見つけることができるようになった（図8-12）。Masai ら（→参考文献13）は，同様の手法を，笑い以外の表情にも拡張した。

　以上のように，ライフログと一口で言っても，写真や映像といった振り返り用のコンテンツを記録するものもあれば，身体活動や社会活動の傾向を大まかに数値化するものもある。また，個人が身に着けたセンサ群で当人の活動を記録するものもあれば，複数人のデータを使うことで組織や社会の活動やその質を測ろうとするものもある。これまでは無意識に過ごしてきた日常を，このように気軽に記録し振り返ることが可能になったことで，我々の振る舞いや生活がどのように変化していくのか，楽しみである。

参考文献

1　角康之，西山高史．体験の記録・利用の技術展望．システム制御情報学会誌「システム/制御/情報」，Vol. 50，No. 1，pp. 2-6（2006）

2　Steve Hodges, Lyndsay Williams, Emma Berry, Shahram Izadi, James Srinivasan, Alex Butler, Gavin Smyth, Narinder Kapur, and Ken Wood. SenseCam : A retrospective memory aid. In *Proceedings of the 8 th International Conference on Ubiquitous Computing*, UbiComp'06, pp. 177-193, Berlin, Heidelberg, 2006. Springer-Verlag.

3　角康之，伊藤禎宣，松口哲也，Sidney Fels，間瀬健二．協調的なインタラクションの記録と解釈．情報処理学会論文誌，Vol. 44，No. 11，pp. 2628-2637（2003）

4 角康之，諏訪正樹，花植康一，西田豊明，片桐恭弘，間瀬健二．共有体験を通したメタ認知に対する複数視点映像の効果．情報処理学会論文誌，Vol. 49，No. 4，pp. 1637-1647（2008）

5 Tanzeem Choudhury and Alex Pentland. Sensing and modeling human networks using the sociometer. In *The 7th IEEE International Symposium on Wearable Computers (ISWC 2003)*, pp. 216-222, Washington, DC, USA, October 2003. IEEE Computer Society.

6 Daniel Olguín Olguín, Benjamin N. Waber, Taemie Kim, Akshay Mohan, Koji Ara, and Alex Pentland. Sensible organizations: Technology and methodology for automatically measuring organizational behavior. *Trans. Sys. Man Cyber. Part B*, Vol. 39, No. 1, pp. 43-55, February (2009)

7 渡邊純一郎，藤田真里奈，矢野和男，金坂秀雄，長谷川智之．コールセンタにおける職場の活発度が生産性に与える影響の定量評価．情報処理学会論文誌，Vol. 54，No. 4，pp. 1470-1479，4(2013)

8 Takuya Maekawa, Yutaka Yanagisawa, Yasue Kishino, Katsuhiko Ishiguro, Koji Kamei, Yasushi Sakurai, and Takeshi Okadome. Object-based activity recognition with heterogeneous sensors on wrist. In *Proceedings of the 8th International Conference on Pervasive Computing*, Pervasive'10, pp. 246-264, Berlin, Heidelberg, (2010) Springer-Verlag.

9 佐藤洋一．集合視によるグループの注視・行動のセンシングと理解．人工知能学会誌，Vol. 32，No. 5，pp. 714-720（2017）

10 Alircza Fathi. Social interactions: A first-person perspective. In *Proceedings of the 2012 IEEE Conference on Computer Vision and Pattern Recognition*, CVPR'12, pp. 1226-1233, Washington, DC, USA (2012) IEEE Computer Society.

11 Akane Okuno and Yasuyuki Sumi. Social activity measurement by counting faces captured in first-person view lifelogging video. In *Proceedings of the 10th Augmented Human International Conference 2019*, AH2019, pp. 19:1-19:9, New York, NY, USA (2019) ACM.

12 Kurara Fukumoto, Tsutomu Terada, and Masahiko Tsukamoto. A smile/laughter recognition mechanism for smile-based life logging. In *Proceedings of the 4th Augmented Human International Conference*, AH'13, pp. 213-220, New

York, NY, USA (2013) ACM.

13　Katsutoshi Masai, Yuta Sugiura, Masa Ogata, Kai Kunze, Masahiko Inami, and Maki Sugimoto. Facial expression recognition in daily life by embedded photo reective sensors on smart eyewear. In *Proceedings of the 21st International Conference on Intelligent User Interfaces*, IUI'16, pp. 317-326, New York, NY, USA (2016) ACM.

学習課題

1）ライフログのメリットを考えよ。忘れ物の発見，日常生活パターンの可視化といった個人のメリットはもちろん，集合知による街の活動量の可視化，遺跡発掘の過程の記録など，社会的なメリットについても考えてみよう。

2）ライフログとプライバシーの問題について考えてみよう。何が問題なのかを様々な観点で分解して考えてみよう。例えば，記録すること自体が問題なのか，それとも，それを利用することが問題なのか。会話内容が記録されるのが問題なのか，それとも，肖像権の侵害を気にするのか。個人が利用するなら良いのか，それとも，公共性がある方が許されるのか。そもそも，世の中には既に多くのカメラが常に存在しているのに，倫理観や運用だけで議論する意味があるのか。

9 | 博物館・美術館での情報技術の利用と展開

稲葉利江子

《**目標＆ポイント**》　従来は古いモノの集積と展示の場と考えられてきた博物館・美術館は，情報技術の導入によって知識の流通や創造の場へと生まれ変わりつつある。展示見学のガイドシステムや情報技術を活用した展示の事例を紹介する。

《**キーワード**》　デジタルアーカイブ，デジタルミュージアム，オープンデータ

1．はじめに

　情報技術の発展により，美術館や博物館における鑑賞の形態も大きく変わってきた。また，美術館や博物館に所蔵できない人類にとって貴重な資料などもあり，それらの保存や集積についても情報技術により実現されてきている。本章では，このような情報技術により集積と展示にどのような影響を与えているのかについて，事例と共に示す。

2．デジタルアーカイブ

　2005年に発表された「知的財産推進計画2005」には，「コンテンツを活かした文化創造国家への取組」について以下のように記載されている。

"知的・文化的資産も含めたコンテンツは，「知的財産立国」の実現を目指している我が国にとって重要な資産であり，これらの活性化を図るこ

とにより，新しいビジネスチャンスの創出や海外市場への展開が期待できる。また，知的・文化的資産も含めたコンテンツの活性化は，我が国の多様で豊かな文化の向上を促し，文化創造国家の大きな原動力として，積極的な取り組みが求められている。"

　これは，経済の成長において，技術革新やイノベーションが果たす役割の重要性が増大し，「知識経済」という言葉に象徴されるように，経済活動において知識が生み出す付加価値の重要性が以前により格段に高まっていることが背景としてある。また，欧米や韓国，中国といったアジア諸国では，コンテンツやブランドといった広い意味での知的財産が国家の魅力を高めているとし，これらの分野の振興を国家戦略として位置づけ，強力に施策を展開しているということもある。この施策をきっかけとして，日本においても各省庁が中心となりアーカイブに関する取り組みが奨励・支援されてきている。それは，文化遺産や歴史的公文書などを保存・公開するだけではなく，コンテンツ製作の現場スタッフの技術支援や，デジタルアーカイブ化のための研究開発をも対象となっている。

　さらに，デジタルアーカイブとインターネットが結びつくと，「知の集積」に対して，誰でもどこでも，どういう目的でもアクセスが可能となり，デジタル化された集積物を，利用者中心としたデザインにすることができる。以下に事例を紹介する。

（1）文化資源のデジタル復元

　1994年，フランスアルダージュ峡谷のバロン・ポンダルク洞窟で，約3万年前の壁画が発見された。これまで発見された文化遺産である壁画は，一般公開されてきたが，このバロン・ポンダルク洞窟は一般公開されず Web にて公開されることになった（→参考文献1）。これは，1940年

に発見されたラスコーの壁画が見学者により破損された経験に基づき判断された結果である。Web では，壁画が高解像度で閲覧でき，その解説も文字情報として見ることができる。また，洞窟の地図を基にしたインタフェースとされている。このように，現物のアーカイブが存在するものの現物を保存しつつ，デジタル化される例も少なくない。

（2）バチカン図書館におけるデジタルアーカイブ（→参考文献 2 ）

　バチカン図書館は，1448年に設立された世界最古の図書館のひとつで，約1100万冊という膨大な蔵書を誇る。蔵書は，特別に許可された研究者のみが閲覧を許される特別な図書館といってよい。この図書館には， 2 世紀から20世紀にかけて書き残された歴史図書が残されており，中でも貴重なのは，一点物の手書き文献で，羊皮紙やパピルスに書かれたものや，金銀によって装飾が施された物などが厳重に保存されている。しかし，年月の経過と共に劣化が進み，このままではいずれ解読不可能になると危惧されたこと，貴重な資料をデジタルアーカイブ化することにより，その歴史的遺産を後世に引き継ぐことにした。これにより，貴重な文献やコレクションをデジタルアーカイブ化により長期保存するとともに，研究資材としてデジタルファイルとして広く世界に公開された。これまでごく一部の研究者のみが閲覧できた資料が，公開されたことにより，多くの研究が進むことが期待される。

（3）記録と未来への継承

　デジタルアース空間を用いて，資料や記録を残すアーカイブプロジェクトも立ち上がっている。「 8 月 9 日が何の日か知っていますか？」残念ながら，この問いに答えられる人は多くないという。原爆という歴史を風化させないためにメディアの一つとして長崎に投下された原子爆弾

の爆心地を中心に、被爆者の声や当時の写真、現在の写真などがマッピングされたナガサキ・アーカイブ（→参考文献3）が制作された。これは、大学院生や長崎出身の有志により制作されたものだが、被爆者の言葉や語りだけが掲載されているだけではなく、地図上にマッピングされているところに意味がある。この「記録としてのデジタルアーカイブプロジェクト」は、長崎だけではなく、広島、そして、2011年3月11日の東日本大震災の「記録」にも続いていく。

　特に、「ヒロシマ・アーカイブ」では、社会への多面的な『実相』を目指し、さまざまな取組みがなされている。例えば、被爆直後の航空写真と現在の空中写真を切り替えることで、焼け野原の「ヒロシマ」と復興を遂げた「広島」が、同じ視野の中で重ね合わせることができる。これは、過去と現在の「つながり」をユーザが見いだしやすくしている。また、「記憶のコミュニティ」を形成していることも重要なポイントである。「ヒロシマ・アーカイブ」における被爆者たちの証言コンテンツは、高校生が被爆者にインタビューし、コミュニケーションをすることによって制作されている。つまり、高校生がアーカイブのユーザであり、クリエイターにもなっている。さらに、被爆者の言葉を聞き取るこ

図9-1　ヒロシマ・アーカイブ

とにより，高校生の記憶に刻まれていき，高校生自らの言葉で「ヒロシマ」の記憶を語り継いでいくことになる。このように，多元的なデジタルアーカイブと，記憶のコミュニティが合わさることにより，未来への継承がつながっていく。

　原爆や大震災を経験した人たちの証言や写真を，経験していない人間が見ることにより，後世に語り継ぐ重要さを感じる。

　先に示した「知的財産推進計画2005」には，

"「知的財産立国」を実現するためには，一部の人々の営みによって実現されるものではなく，万人による知的財産の創造活動が始まる流れによって，実現される"

と記載されている。デジタルアーカイブの目的の一つとして，歴史的な貴重な資料であったり，後世に継承すべきであったりすることを集積すると共に，共有するということがある。何を記録し，残していくのかを，過去を振り返り実施していくだけではなく，現在社会においても同様に判断しアーカイブしていくことも重要であるといえる。つまり，デジタルアーカイブ技術は，我々人間の「営み」を記録・保存し，後世に継承していく一助になっているといえる。

3．情報技術の美術館・博物館活用

　美術館や博物館において情報技術の活用として大きく2つが考えられる。一つは，文化資源の有効活用であり，もう一つが多様なミュージアム体験である。

　前者は，デジタル複製による活用や文化資源のデジタル復元である。デジタルアーカイブと同様，資料をデジタル技術で保存することで，半永久的に劣化せずに保存可能な情報資料としたり，資料を精緻に電子化

したりすることにより，オリジナル資料へのアクセスの必要性を減らし，資料の傷みを最小限にするというねらいがある。さらに，デジタル化することにより，デジタルミュージアムとして Web にて公開することにより，いつでも，どこでも欲しい情報が入手できる環境を構築することができる。それにより，リアルミュージアムだけではなく，2つのミュージアムの形で相互補完できるメリットがあるといわれている。東京大学総合研究博物館のデジタルミュージアムの Web サイトには，以下のような記述がある。

"コンピュータを活用することで，実物と情報を結び，リアルミュージアムにある実物資料から来館者の望む情報をどんどん引き出していくことができ，逆にその情報から関連する別の実物資料へ誘導される，そういうダイナミックな博物館環境が実現できます。

*　二つのミュージアムをデジタルテクノロジーにより有機的に統合した，「情報」と「物理」の両空間にまたがる存在としての博物館――それがデジタルミュージアムです。"*

このように，リアルミュージアムとバーチャルのミュージアムを連携することにより，新たな相乗効果を創り出すことができる。

では，後者の多様なミュージアム体験とはどういうことだろうか。多様な展示解説ツールの展開や，臨場体験可能な映像展示，バーチャルリアリティなどによる仮想体験などのことを指す。

情報技術により，例えば利用者の年齢や母国語などに合わせたガイドシステムの提供も実現されている。また，デジタル化した美術品を3次元画面で表示することにより，普段では見られない位置から鑑賞することもできる。また，既に劣化している所蔵品においても，色再現や復元技術により，制作された当時の色彩で閲覧することができるなど，鑑賞方法が多様化している。

（1）ルーヴル–DNP ミュージアムラボ（→参考文献4）

　2006年にパリ・ルーヴル美術館と DNP 大日本印刷による共同プロジェクトとしてスタートしたプロジェクトである。大日本印刷独自の観点と技術で開発されたマルチメディアコンテンツを使い，多様な切り口でルーヴル美術館の作品を鑑賞することを目的に，計10回の展覧会が開催された。また，それぞれの展覧会において開発・展示された技術の一部は，ルーヴル美術館にも設置され，情報技術の可能性を活かした美術鑑賞を提供してきた。

　図9-2に2011年に開催された第8回展「来世のための供物展　古代エジプト美術から読み解く永遠の生への思い」における展示風景の写真を示す。例えば，左上のマルチメディア・ディスプレイでは，鑑賞者がディスプレイにタッチする際に，荷物などが邪魔になったり，荷物などでディスプレイが破損したりしないように，荷物を置くスペースの確保がなされている。また，右上の印刷と映像の融合では，プロジェクションマッピングが展示に利用されているが，マッピングされる台には当時のエジプトの地図が描かれている。これは，美術館に展示した際に，停電などによりプロジェクションマッピングの映像が投影されなかった場合，台だけでも展示物として成立する必要があるための演出である。このように，「展示」という場面に単に情報技術を導入すれば良いだけではなく，閲覧時の人間の行動を分析し，それに合わせたインタフェースのデザインをおこなっている。また，情報技術がなければ成立しない「展示」を思考するのではなく，アンプラグドの状態でも成立する「展示」をデザインすることが大切であることが示されている。さらに，下部の顔認識による視点補正 AR システムでは，古代エジプトの「奉納」の操作を疑似体験できるシステムで，操作者の顔とタンジブルユーザインタフェース（Tangible User Interface）の物体の位置関係を認識し，

「葬祭用のステラを解読する：サケル
ティのステラ」マルチメディア・ディ
スプレイ

「アビュドスを探検する：オシリス神の
聖地」印刷と映像の融合　プロジェク
ションマッピング

「供物奉納の儀式に参加する」：顔認識による視点補正 AR システム

©photo DNP

「来世のための供物展　古代エジプト美術から読み解く永遠の生への思い」
図 9 - 2　ルーヴル-DNP ミュージアムラボ　第 8 回展

操作者の視点にあわせて奥行き焦点になるよう 3 次元の CG を補正し，
より現実的な感覚が得られる AR システムが実現されている。このよう
に，単に視覚的に鑑賞するだけではなく，体験型の鑑賞システムが取り
入れられている。

（2） バーチャルリアリティ等による仮想空間での展示

　全国の博物館・美術館で，VR 動画で館内を紹介するケースが増えて
きている。その中で，いち早く VR 動画を導入し，話題を呼んだ博物館

が，年間来館者数220万人を誇る国立科学博物館である。VR コンテンツの内容は，国立科学博物館の中を自由に移動し，好きな順序で展示品を見ることができるものであり，2つの特徴がある。1つ目は，ティラノサウルスの目線に立てたり，トリケラトプスの腹部へ入れたりするなど，普段では見られない視点から展示品を楽しめることである。2つ目は，普段は混雑している国立科学博物館のオリジナル映像作品を，一人だけの空間で楽しむことができることである。

　日本だけではなく海外でも多くの博物館で同様の取組みがなされている。アメリカ ワシントン D.C. にあるスミソニアン博物館群の1つである国立自然史博物館でも，VR での展示を実施している。あたかも，現実の博物館の中を歩いているかのように，Web 上で仮想空間を歩きながら，展示物を鑑賞することができる。特に，地上階の入り口にある象徴的な「ゾウ（Elephants in Danger）」はとても迫力があり，その他にも，Ocean Hall や Mamma Hall，恐竜ゾーンや昆虫ゾーンなど，館内のフロア，部屋ごとに VR でフロアの様子を見回すことができる。また，展示品の解説の部分がアップで撮影されており，「Elephants in Danger」についても，展示の経緯や，生息地などの解説も読むことができる。この VR 展示の特徴は，展示品の解説を読める視点からも撮影されていることや，自分の館内での位置情報がわかること，また VR の操作方法が表示できることが挙げられる。

　また，Google は"Arts & Culture"という取組みを実施している。世界70カ国から1,200以上の美術館，博物館，ギャラリー，協会が参加し，世界有数の美術館や博物館によって厳選されたコレクションを，画面やバーチャルリアリティで楽しむことができる。鑑賞者は，自分のお気に入り作品を独自のコレクションにまとめ，紹介できるようにもなっている。このように情報技術，ネットワーク技術の発展に伴い，物理的に美術

館・博物館に訪れることなく，高解像度な作品を閲覧することができるようになっている。さらに，作家や年代，色などをキーワードに検索をすることも可能である。例えば，有名作家の作品を作品が描かれた年代別に並び替えることにより，作家の作風の変化などを比較することも容易にできる。有名作家の作品は，世界各国に点在していることが多いため，物理的には困難であるが，このような情報技術により実現がなされている。

（3）携帯型端末による美術館・博物館鑑賞支援

　携帯端末の進化により，美術館・博物館内で操作できる携帯型鑑賞支援の研究が進んでいる。携帯型端末を利用した鑑賞支援の利点としては，従来型の文字情報だけの解説だけではなく，音声や動画といった多様なメディアの利用が可能であることがあげられる。また，各人が単独使用することができるため，鑑賞者が必要な情報を現場でリアルタイムに見ることができたり，鑑賞経路などの記録を残すことなどにより，鑑賞後の振り返りができたりと，多様な鑑賞方法が実現できている。また，美術館や博物館における「教育」的視点においても，学習が目指す学習者中心学習の特徴にあう支援方法といえる。

　また，美術館・博物館における資料の解釈には，事前にどの程度の知識があるのかに依存すると言われている。そのため，事前学習と館内学習を連動させた博物館学習システムも研究がなされている（→参考文献5）。同様に，鑑賞経験の乏しい鑑賞者を対象に，展示作品に対する理解を深めるため，鑑賞者が作品を前に，他者の鑑賞記録に記載された感想を参照することにより，観察を促し，新たな観点からの鑑賞を支援するシステムなども開発がなされている。

　このように，美術館・博物館の展示において，人間の鑑賞行動などが分析され，インフォーマルラーニングとしての学習環境デザインが構築

されてきている。

4．オープンデータ

　本章でも，デジタルアーカイブ等の取組みを紹介してきたが，2000年代初頭からオープンデータ化の取組みが広がってきている。従来のデジタル化は，資料の保存に主眼が置かれており，物理的に入手しにくい希少な資料へのアクセスを容易にするとともに，学術的な研究に貢献してきた。しかし，対象となっている資料の利活用については制限が設けられることも多かった。それが，オープンデータ化により，データが「公開される」というだけではなく，「誰もが自由に使えるデータ」として公開することを目的とし，データ・情報が「活用されやすい」状態での公開が推進されてきている（→参考文献6）。

　この背景として，2000年代初頭にEUなどを中心として，オープンデータ政策が検討され，2013年6月にイギリスで開催されたG8サミットにて「G8オープンデータ憲章」が合意されたことがある。当初は行政分野における活用を目的に普及されてきたが，学術領域において図書館を中心とした学術資料のオープン化も推進され，世界的に広がっている（→参考文献7）。

（1）文化遺産コレクション：Europeana（→参考文献8）

　ヨーロッパの文化遺産機関のデジタルコレクションを利活用することを目的としたポータルサイトがEuropeanaである。絵画，書籍，映画，写真，地図など，ヨーロッパの文化学術施設においてデジタル化された文化遺産の横断検索が可能となっている。2016年には新しいポータルサイト"Europeana Collections"が開設され，色による検索や高精細画

像の拡大機能，動画や録音資料の再生やダウンロード機能などが備わっており，閲覧可能な資料の数も5,000万点以上となっている。コンテンツの再利用を目標のひとつとしてかかげているため，一般利用者が使いやすいようにテーマ毎の閲覧手法を提供したり，教育のための利用を促進するために API を使ったアプリでコンテンツを表示・加工したりできるよう推進している。中でも，再利用のために正確な権利情報の記述が必要となるため，Public Domain Mark（PDM），Out of copyright-non commercial re-use（OOC-NC），CC 0 や CC BY など，合計 9 種類のライセンスにより，再利用可能を明示するようにされている。ただし，それぞれのライセンス形態は提供元に委ねられている。また，各資料には書誌情報などのメタデータが付与されており，このメタデータはパブリックドメインライセンスで提供されている。

（2）Linked Open Data

Web 上でデータを公開，共有，再利用する仕組みとして Linked Open Data（LOD）（→参考文献 9）が注目され，欧米の政府をはじめとし，マスメディア，図書館，博物館など多くの組織が情報を LOD の仕組みを用い，公開している。LOD とは，事物を Web 上で一意の URI（Uniform Resource Identifier）で示すことのできるリソースとして，リンクで表現する仕組みである。また，LOD は以下の 4 つの原則に基づいている。

①あるゆる事物に対して URI を付与する

②それらの URI を HTTP で参照可能とする

③URI を参照した際は情報が閲覧可能とする，もしくはデータは RDF（Resource Description Framework）や SPARQL など標準化された技術でアクセスできるようにする

④他の URI へのリンクを含める

　これにより，関係するデータ同士をリンクで結び合う仕組みであるため，同じ分野のデータ同士を共有することが容易に実現できることや，他分野のデータとの共有も実現できるなどのメリットがある。

　例えば，博物館を例にすると，それぞれ独自にWebサイトを構築し，コレクション情報を提供している。しかし，それぞれが独自に構築しているため，異なるフォーマットで公開されていることが多く，同一作者の作品がWeb上に公開されていたとしても，その関係性も含め，その作者の作品がどこにあるかを横断検索することは難しい。しかし，コレクション情報をLOD化することにより，Web上で統合的に閲覧することができる。

　国内では，情報・システム研究機構が中心となり博物館情報をはじめ，生物多様性情報，地理情報など，様々な学術情報および公共情報をLOD化し公開するLODAC（Linked Open Data for Academia）プロジェクトが推進されている（→参考文献10）。

5. 「知の集積」の今後

　人間の「営み」を記録・保存し，後世に継承していくという役割を担っている博物館・美術館などの分野において情報技術は大きな影響を与えてきた。特に，これまで収集・保存という「知の集積」が主であったが，一般利用者に対してどのように展示・公開し，共有していくのかという「知の公開」に重きが置かれるようになってきた。

　これは，情報技術により，一部の専門家が，人間の「営み」を記録・保存し，分析・研究するということだけではなく，一般利用者にその「価値」を伝え，深い理解を促すとともに，利活用できるような環境が整えられつつあることを意味するのではないだろうか。

参考文献

1　バロン・ポンダルク洞窟
　　http：//www.culture.gouv.fr/culture/arcnat/chauvet/en/
2　バチカン図書館デジタルアーカイブ化プロジェクト，NTT データ
　　http：//action.ntt/worldwide/0002.html
3　渡邉英徳『記憶の解凍』資料の“フロー”化とコミュニケーションの創発によ
　　る記憶の継承，立命館平和研究第19号（2018）
4　Nagasaki Archive, http：//nagasaki.mapping.jp/
5　LOUVRE-DNP Museum Lab, http：//www.museumlab.jp/
6　奥本素子，加藤浩『事前学習と館内鑑賞支援を連動させた博物館における展示
　　鑑賞支援システムの開発』日本教育工学会論文誌，36(1)，1-8（2012）
7　庄司昌彦『オープンデータの意義と国内外における現状』映像情報メディア学
　　会誌，70(6)，834-839（2015）
8　Europeana：https：//www.europeana.eu/
9　Bizer, C. Heath, T. and Berners-Lee, T. Linked Data-The Story So Far, Inter-
　　national Journal on Semantic Web and Information System, 5 (3) 1-22 (2009)
10　LODAC：http：//lad.ac

学習課題

1）デジタルアーカイブを実際に閲覧し，そのメリットとデメリットを
　　考えてみよう。
2）Linked Open Data を利用した取組みを調べ，実際にどのように横
　　断検索ができ，データの利用ができるのかを試してみよう。

10 | 人間の学習行動と学習環境のデザイン

稲葉利江子

《**目標＆ポイント**》 情報通信技術の普及に伴い，先進的なコミュニケーションシステムを活用した学習やオープンエデュケーションなど学習環境も大きく変化をしてきている。その学習環境のデザインには，人間の学習スタイルやプロセスが大きく関わっている。これらの点について概説し，今後の学習環境について考察する。

《**キーワード**》 学習スタイル，学習者特性，学習環境

1. はじめに

　教育の情報化が普及するにつれ，学習者個人の特性にあわせた教育方法が注目されつつある。これは，ICT を教育に導入することにより，異なった学習スタイルにあわせて学習環境を構築する「学習者中心の教育」が可能になってきたことや個人の学習ログの記録を分析することで「学習者に適した学習教材の提示」が可能になってきたという背景がある。従来の画一的な教育に対して，学習者個人のニーズ，能力，嗜好，スタイルに合った学習環境を提供するという考え方は教育におけるパラダイムの変換ともいえる。では，「学習者個人の特性」とはどういうことであろうか。また，個人の特性に合わせた学習環境をデザインすることにより，何が実現できるのであろうか。

2. 学習者特性とは (参考文献→1)

　学習に関わる個人的特性は学習者特性と呼ばれており，各人の学習過程や学力に影響を及ぼすとされている。

　学習者特性も様々な分類があるが，例えば以下の6つに大きく分類することができるとされている。

(1) 知的能力

　抽象的思考力，新しいことを学習していく能力，適応的問題解決力，創造思考力などがこれにあたる。

(2) パーソナリティ

　内向性や外向性などといった人格心理学における主要なパーソナリティ特性を軸として議論される。これらは，個人の学習に大きく影響するため，考慮すべき特性といえる。

(3) 学習方法

　学習方法の改善は，「学習方略」と「学習スタイル」に分けて行うことが有効とされている。「学習方略」においては，学習者は個別に自らの学習方略を試行錯誤しており，その方略の種類は個人差があり，効果的な方略も個人により異なるとされている。一方，「学習スタイル」とは，学習の行い方を意味し，ひとりで行うのか，他の人と協働学習を行うのか，まとめて学習するか，少しずつ分けながら学習するか，などの教授法をはじめ，情報処理スタイルや，認知・人格スタイルも含まれるとされている。

(4) 学習への興味関心

　興味関心の在り方は個人差があるため，ある学習内容に興味が持てるか否かは学習者によって異なる。

（5）　学習に関わる信念

　「学習」をどう捉えているのかという学習観や「学習者」としての自分についての自己概念は，個人によって異なるため，「学習」の位置づけ方は学習者によって異なる。

（6）　学習への動機づけ

　学習内容による好き嫌いなどの感情や動機付けも学習者によって異なる。

　これらの学習者特性を知ることにより，学習者に合わせた学習方法の提案が可能となる。

　例えば，岸学はインストラクショナルデザインにおいて次の4点が重要だと述べている。

① 　学習者の特徴についての分析：誰が学習を行うのか

② 　学習目標の設定：学習者にどのような学習を期待するのか

③ 　教授方略の検討：どのようにすれば学習が円滑にすすむのか

④ 　評価方法の検討：どのような評価によって学習の成果を確定するのか

　この①に示されている学習者の特徴についての情報を詳細に明らかにすることにより，②の学習目標や③の指導方略が検討できるため，学習者を分析することは，学習方略を決める上で重要なポイントであるといえる。このように，学習目標や教授方略の検討のために，学習者の特徴を明確化し，分析するプロセスを学習者分析という。

3．**学習スタイルの理論**（参考文献→2）

　本節では，前節で述べられた「学習スタイル」について概要を説明す

る。学習スタイルの理論・モデルは，これまで教育・心理学等多様な分野の研究者が研究し，多くの学習モデルが提唱されてきている。その中で最も，学習スタイルの研究に寄与したと考えられているのがCurryのオニオンモデルである（参考文献→3）。Curryは，学習スタイルを「Cognitive Personality Style（認知・人格スタイル）」「Information Processing Style（情報処理スタイル）」「Instructional Format Preference Indicator（教授法の好み）」の3つの層から成ると示した。つまり，学習スタイルは多種多様にあるが，「学習者が生来もっているという観点にたった理論から，環境により変化するという理論を連続線上に分類した」モデルがこのCurryのオニオンモデルである。

　中核に位置するのが，「認知・人格スタイル」であり，個人が情報にどのように対応するかを説明するもので，最も外因の影響を受けにくく，本来その学習者の持つ性格や気質，能力などに影響されているとされている。Felder & Silvermanの学習スタイルモデル（参考文献→4）が代表的で，思考処理において外的・内的な操作の好みや情報入手の手段としての視覚媒体か言語媒体かの好み，知識を順序立てて取得するか閃き的に取得するかの好みなどがあげられる。

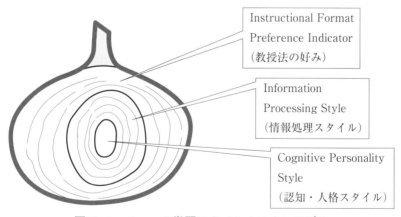

図10-1　Curry の学習スタイルオニオンモデル

　次に，中層部の「情報処理スタイル」は，個人が情報をどのように吸収・処理するかという点で，外因の影響により変化しにくいとされており，この箇所における学習スタイル理論は，Kolb の学習スタイルモデル（参考文献→5）が代表的で，適応型，収束型，発散型，同化型の4つに分類できる学習スタイルである。

　最後に最も外側の「教授法の好み」にある概念は，学習環境，学習者，教師の期待などの外因の影響を受けやすく，変化しやすいといわれている（参考文献→6）。

　この Curry のオニオンモデルを基に，学習者生来のものであり変化しにくい学習モデルと外因によって変わりやすい学習モデルとを対極とし，5種類の学習スタイルモデルをイギリスの学習スキル研究センター（LSRC）がまとめている（表10-1）。生来の本質に基づく学習スタイルでは，生来の学習スタイルに合わせて学習環境を設定すべきとされている。一方，表10-1の下部にある分類では，学習に対する動機や外的要因，カリキュラムデザイン，授業形態などによって個々の学習スタイルは変化するというものである。このように，学習スタイルをどのように捉えるのかによっても，大きく考え方が変わってくる。

表10-1　LSRC の5種類の学習スタイルモデル分類
（参考文献→7）

生来の本質に基づく学習スタイル	Gregrc
認知構造に基づく学習スタイル	Riding
性格の要素としての学習スタイル	Myers-Briggs, Apter Jackson
順応性のある好みとしての学習スタイル	Kolb Honey & Mumford, Herrmann Allison & Hayes
学習態度・方法・理解	Entwistle Vermunt Sternberg

表10-1に示された13の学習スタイルの理論やモデルは，代表的なモデルとして知られている。必要に応じて，学習していただきたい。

4. 学習スタイルに応じた学習デザイン

前節に示した学習スタイルモデルにおいて，外因の影響を最も受けにくいモデルの一つとして，FELDER の学習モデルがある。これは，44項目から測定され，（活動的—内省的）（感覚的—直感的）（視覚的—言語的）（順次的—全体的）の 4 軸に分類される。

FELDER らは，さらにそのモデルを言語教育でどのように適用するかということを学習スタイルと教授スタイルとで比較し，これまでの伝統的な教授方法では，特定のスタイルを好む学生には合わないと指摘している。また，この44項目はインターネットからダウンロードできることなどから多くの実践例があり，FELDER の学習モデルにより多くの学習デザインに関する示唆が提案されている。ここでいう学習デザインとは，学習したいコンピテンシーやスキルといった学習目標を獲得することを目的とした学習環境や教授方法などを指す。

大山牧子らは，大学生を対象とした構造の異なる中国語の e-Learning 教材を用いて，学習者特性と学習行為の関連性について実験を行ったところ，FELDER によってモデル化された学習スタイルのうち（活動的—内省的）の軸において学習スタイルの違いが学習行為を決定づける要因であることを証明した（参考文献→8）。

また，個々の学習に関する情報処理に関する知覚の好みを識別する尺度である VAKT 尺度を用いた学習環境の研究事例もある。VAKT 尺度とは，視覚（Visual），聴覚（Audio），運動感覚（Kinaesthestic），触覚（Tactile）から構成される。これは，人間が情報を受け取ったり，処理

したり，活用したりするのには，それぞれ異なる知覚の好みがあるという理論から学習スタイル理論として提唱されたものである。渡辺らは，VAKT尺度を用いて，モバイル環境における学習者特性に基づいた介入情報の学習への影響を分析している（参考文献→9）。この分類でいうと，人口の65％は視覚型学習者で，30％が聴覚型学習者，5％が運動感覚型の学習者であるといわれている。しかし，これは，国や文化によっても異なり，子どもか大人なのかによっても変化するといわれている。そういう意味では，学習対象者を見極め，その対象者に対して，学習の効果が得られるために何が影響を与えるのかということを考える必要がある。また，学習者はそれぞれ学習するための好みが異なるということを踏まえた上での教授方法をデザインすることが重要である。

5．学習環境とは

　学習活動をより豊かにするための教材，教具，メディアや什器などを適正な空間の中に，学習者の安全性や快適性，利便性などを考慮して位置づけたものを「学習環境」という。

　「教育」を考えると，講師からの直接的な指導や支援のみが想定されるが，それだけではなく学習環境は学習者に対して教育的な機能を果たすために重要な役割をしている。その機能として考えられるのが，「学習制御」「多様な学習の活性化」「情報の蓄積・掲示」「心理的安定感」である（参考文献→1）。この4つの機能をどのように学習環境に持たせるかが重要となってくる。

　また，美馬のゆりらは，学習の共同性及び社会性を基軸とした学習環境デザインの有効性において，空間，活動，共同体という3つの要素からなる学習環境のデザイン原則を定義している（参考文献→9）。

【空間】

 1．参加者全員にとって居心地のよい空間であること

 2．必要な情報や物が適切なときに手に入ること

 3．仲間とのコミュニケーションが容易に行えること

【活動】

 1．活動の目標が明確であること

 2．活動そのものにおもしろさがあること

 3．葛藤の要素が含まれていること

【共同体】

 1．目標を共有すること

 2．全員に参加の方法を保証すること

 3．共同体のライブラリーを作ること

これらの3つの概念は有機的に絡み合っており，最終的に一体の物としてデザインする必要があるとも述べられており，試験的な実践による改良の重要性やデザインの継続性が注意事項として述べられている。

このように，学習環境をデザインするということは，学習者が同時多発的に生起する学習をどのように助けていくのか，組織化していくのかということに他ならないといえる。

6．学習環境デザインの事例

学習環境デザインの例として，マサチューセッツ工科大学（MIT）のTEAL（Technology Enabled Active Learning）プロジェクトを紹介する。

MITでは，大学1年生を対象とした初等物理の必修授業の教室講義を見直す動きが1990年代からはじまった。物理学の教育方法として一斉

講義スタイルは100年以上変わっていない。しかし，学生のやる気がなく予習をしてこない，知識がどのような意味を持つのかを十分に理解していない，抽象的で複雑な数式を理解できない，物理学の概念の可視化が困難である，といった課題があった。このような課題に対して，教員は一方的に学生を責めがちではあるが，授業形態にも問題があるのではないかと考え，21世紀の学生にとって必要な資質であるデジタルリテラシー，分析能力・問題解決能力，コミュニケーション能力，批判的な視点を満たすために必要と考えられる環境を提供しようと考えプロジェクトがスタートした。そのプロジェクトが「TEAL : Technology Enabled Active Learning（テクノロジーで可能になる能動的な学習）」である。

　伝統的な講義の形式から離れ，技術によって能動的に学び，概念的な理解と問題解決能力をつけ，可視化能力を身につける。さらにチームワークで行うことによりコミュニケーション能力も磨こうという取組みである。

　学習環境のデザインとしては，アクティビティベースの指導を中心として，授業のカリキュラムから教室設計まで行っている。例えば，2時間の講義を2回行った後に1時間のワークショップを実施するという授業形態であったり，教師と学生が密な相互作用が起こるような授業サポート体制としたり，学生はグループで学ぶ協調学習を取り入れることにより互いに教え合う環境を作るなどの教授法からのデザインを行った。それに加え，学生中心の教室であり，3人に1台のシミュレーション用のPC，ホワイトボードや投影用のスクリーンを教室に取り囲むように配置したり，学生ひとりひとりの反応がわかるようなパーソナルレスポンスシステムを導入したりと，教室の環境についてもデザインを行った。

　この学習環境デザインの大きな変換により，授業前後にどれだけの成

績が向上したのかを伝統的な教育方法と比較した結果，TEAL の方が向上していることが実証された。なぜ，この TEAL がより効果的であったのか，それはまずは理論を学習し，次いで実際に学習した現象について実験を行う。そして，実験に基づいたバーチャルなシミュレーションを行うことにより，実際の現象とバーチャルな現象を連結することができる。このような一連のプロセスを通じて，単に一方的に講義するよりも効果的な教育ができていることが示されたことは，多様な学習特性をもつ学生にとって，多様な学びのアプローチがあったからに他ならないのではないだろうか。

　日本でも，この TEAL プロジェクトを参考に，東京大学が駒場アクティブラーニングスタジオ（KALS）をオープンしている。ディスカッション，グループワーク，デスクトップ実験，メディア制作活動など能動型学習に対応するため，授業によって自由に構成を変えられるような施設である。

　このように学習環境のデザインにより，学習効果が大きく変わる。

参考文献

1　日本教育工学会『教育工学事典』実教出版（2006）
2　青木久美子『学習スタイルの概念と理論―欧米の研究から学ぶ，メディア教育研究，第2巻，第1号，pp197-212』（2005）
3　Curry, L. An Organization of Learning Styles Theory and Constructs. ERIC Document 235 185. (1983)
4　FELDER, R. M. and HENRIQUES, E. R. Learning and Teaching Styles in Foreign and Second Language Education. Foreign Language Annals, 28(1) 21-31 (1995)
5　Kolb, D. A. Experiential learning theory and the Learning Style Inventory : A reply to Freedman and Stumpf. Academy of Management Review, 6(2), 289-296 (1981)
6　Dunn, R., Dunn, K., and Price, G. E. The Learning Style Inventory. Lawrence, KS : Price Systems. (1989)
7　Coffield, F., Moseley, D., Hall, E., & Ecclestone, K. Learning Styles and Pedagogy in Post-16 Learning : A Systematic and Critical Review\i0. London : Learning and Skills Research Center (2004)
8　大山牧子，村上正行，田口真奈，松下佳代『E-Learning 語学教材を用いた学習行為の分析―学習スタイルに着目して―，日本教育工学論文誌，34(2)，105-114』（2010）
9　美馬のゆり，山内祐平『「未来の学び」をデザインする』東京大学出版会（2005）
10　MIT TEAL Project, http://web.mit.edu/edtech/casestudies/teal.html
11　東京大学 KALS, http://www.kals.c.u-tokyo.ac.jp/

学習課題

1 ）学習者特性についてどのような種類があるか説明してみよう。
2 ）学習スタイルの一つである VAKT 尺度について調べ，自分自身の学習スタイルがいずれの型であるかを確認してみよう。

11 人間を理解するためのロボット

稲葉利江子

《目標＆ポイント》　人間の知的行動を工学的に再現しようとする試みがロボットのルーツとなっている。身体，知覚，行動など，人間をどのように分析しロボットが開発されてきたのかについて俯瞰的にロボティックスを紹介しながら解説する。
《キーワード》　ロボット，サイバネティックス，ヒューマノイド，不気味の谷

1. はじめに

　「人間とは何か？」という問いは，人類にとって永遠のテーマでもある。人間を自分と他者，そして心と考えると，学問のほとんどはこの問いに答えるために生じたのではないかと考えられる。例えば，1990年代には日本の脳科学の課題として「脳を知る」ための分析的な実験科学や「脳を守る」ための医療応用のための研究だけではなく，「脳を創る」ための基礎研究が提唱された。これは，脳の機能を理解すると共に，脳を基にした新しいシステムを創るという方向性を示したと言えるのではないだろうか。このように考えると，ロボットは人間または人間の機能の一部を模倣，代理，補完する存在として創り出されたといえる。

2. ロボットとは？

　ロボット（Robot）という語は，元々チェコ語のROBOTA（労働者）に由来する。1920年に当時のチェコスロバキアの小説家カレル・チャ

ペックが発表した戯曲「R.U.R」において，組成の異なる人間に似せた肉体であり，人間のつらい仕事を人間の代わりに担ってくれる機械として初めて用いられた。日本においては，1923年に「人造人間」として翻訳されている。また，この戯曲では，「ロボットは感情を持っていたために，人間の奴隷のような扱いに不満を持ち人間に対して反乱を起こし人間を殺す」という話の展開になっており，1816年にメアリー・シェリーが発表した「フランケンシュタイン」で人間に対して復讐をするという同じ話の展開となっていた。このことから，「技術が人間を支配するのではないか」「技術によって人間が滅ぼされるのではないか」という危惧を「フランケンシュタイン・コンプレックス」と呼ばれるようになり，この後，ロボットをテーマとしたSF文学では，「人間と対立するロボット」というイメージが多くなっていく。

　1940年代SF作家のアイザック・アシモフは，代表作「I. Robot」の中で，人間へ危害を加えず，人間の命令に服従しながら自己保存するコンセプトのロボット三原則を提唱し，今日までロボットの基本行動原則として引用されている。ただし，これは哲学的な概念であり，現実のロボットに実装された例はまだ存在しない。

ロボット三原則

第1条　ロボットは人間に危害を加えてはならない。また，その危険を看過することによって，人間に危害を及ぼしてはならない。

第2条　ロボットは人間にあたえられた命令に服従しなければならない。ただし，あたえられた命令が，第1条に反する場合は，この限りでない。

第3条　ロボットは，前掲第1条および第2条に反するおそれのないかぎり，自己をまもらなければならない。

(2008年の「ロボット工学ハンドブック」第56版)

図11-1　ロボット三原則（I. Robot）

このように，産業ロボットはある意味で与えられた作業を実行していく機械といえるが，人間とのコミュニケーションに用いられるロボットは，人間の意図を理解しながら人間と協調して作業をしていく必要があり，まさに人間理解が重要となる。

人間の場合，相手を理解した上で協調を実現していくが，ロボットの場合，制御が「得意」なことから，具体的な動作理解がなくても特定の制御手法を用いて人間との協調作業を実現できる。ロボットと人間との協調作業の研究は，人間の研究から発展してきたともいえる。

3．ヒト化する機械

ロボットは，当初，工場での作業など，人間の代替えを行うために開発される産業ロボットが多かったが，技術の進歩によって，ヒト型ロボット，いわゆるヒューマノイドを開発することが可能になってきた。つまり，機械がヒト化していくといえる。では，ヒューマノイドを創る意義とは何であろうか。

まず，ヒューマノイドを創ることによって，人間の身体がどういう役割を演じているのかを解明することができる。実際，ロボットを開発することにより，「人間が如何に複雑な処理を瞬時に行っているのか」ということが解明されてきた。人間は，言葉を認識し，瞬時に理解し，反応する。運動能力もあり，感情も持ち得ている。さらに，与えられた情報から創造する力もある。このように，言葉の理解，運動機能，感情の認識，創造力，これらをロボットに実現させることにより，人間の動きや発達などの理解が深まる。一方，生物学，脳科学，発達心理，認知科学などの科学的アプローチによって得られた知見がロボット開発に活かされている。つまり，多くの分野がそれぞれの研究成果をフィードバッ

クし合いながら，ロボット研究が進んでいるといえる。

　既存の科学規範では解決不能か非常に困難な課題を対象とし，仮説検証のサイクルを経て，これまでにない新たな理解を生み出すことを「構成的手法」という。つまり，「人間では実験できないことをロボットにより行う」ことも構成的手法の一つといえ，「赤ちゃん研究」などの分野でも利用されている。

（1）二足歩行ロボット

　まず，「歩く」という動作の実現について考える。人間に近いヒューマノイドとするためには，二足歩行のロボットが必要になる。では，人間が歩くとはどういうことであろうか。「人が歩く」とは，人体の重心を前後に移動させる行為といえ，重心の移動法の違いから「静歩行」と「動歩行」の２種類がある（参考文献→1）。「静歩行」は，歩行時の重心移動を両足が着地している間に行うのに対して，「動歩行」は前方に出した片足が着地する前に，着地点方向への重心移動を開始する。

　図11-2に，静歩行時と動歩行時の重心の違いを示している。図中の●は重心を表している。

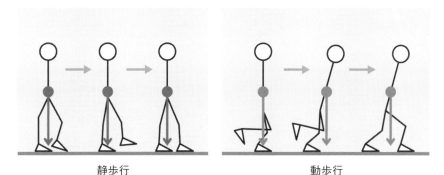

静歩行　　　　　　　　　　　　　　　動歩行

図11-2　二足歩行ロボット（静歩行と動歩行）

　静歩行は後方に残した足に重心を預けたまま，もう片方の足を前方に出し，その足が接地し重心を十分に支える体制ができると上体を前に出し，移動する。そのため，静歩行は非常に安定した歩き方で，滑りやすい路面や雪道などに適した歩き方といわれている。しかし，重心の移動が一定ではないため歩行速度も遅くなる。

　一方，動歩行では重心は常に前方に移動していく。そのため，2つの足が交互に前方に移動するとき，後方の足から前方の足に重心を移動していく。この動歩行は効率的な歩き方で，比較的平坦な路面を移動するときに適した歩き方といわれており，この歩き方を高速にしていくと走る動作になる。

　このように，「人間の歩く行動」を分析し，どのようなメカニズムにより成り立つのかを解明し，それをもとにロボットで再現するための方策を考え，開発することで，ロボットの二足歩行が実現する。ロボットの二足歩行は，まずは，「静歩行」による移動を実現し，その後，歩くスピードを上げ，また，凹凸の道や坂道など，あらゆる地面の上を歩くことができる「動歩行」の実現と段階を踏んで開発が進んできている。

（2）人間に近い外観と動作性能を備えたロボット

　人間に近い外観や形態を持ち，人間に極めて近い歩行や動作ができ，音声認識などを用いて人間とインタラクションできるヒューマノイドの研究も進められている。なかでも，2009年に独立行政法人産業技術総合研究所が発表したサイバネティックヒューマン「HRP-4C」（参考文献→2）は注目された。身長158cm，体重43kgで，関節位置や寸法などは日本人の女性の平均値を参考に実現させた。また，歩行や全身の動きはモーションキャプチャで計測しそれを参考にして，二足歩行の制御を行うことで屋外の移動にも耐えうる動作を実現させている。さらに，顔は

シリコンで作られ，研究所の女性職員5名の平均顔を基本にして制作された。また，顔の動作の自由度があるため，表情を創り出すこともでき，音声認識と音声認識結果に基づく応対動作と合わせ，人間とのインタラクションを実現している。さらに，人間のお手本歌唱を真似，自然な音声と表情で歌唱をすることを実現している。技術としては，「歌い方」をまねて歌声合成する技術と「顔表情」を真似てロボットの顔動作を生成する技術である。前者は，人間の歌唱者により歌声を分析し声の高さと声の大きさを抽出する。そのデータを基に，様々な声色の音声合成ソフトウェアにより声色を切り替え合成する。後者は，歌唱者の頭部の位置や回転などの動き，視線，瞬き，口の開きなどを顔表情と共に分析し，顔動作のパラメータを生成し，ヒューマノイドロボットにその顔動作を再現させる。このように人間を「真似る」ことで，ロボットの行動の「自然さ」を追求し，人間との自然なコミュニケーションを実現させている。

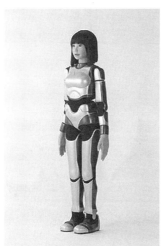

図11-3　サイバネティックヒューマン HRP-4C

（3）不気味の谷

　ロボット工学者の森政弘は1970年に「不気味の谷」という概念を提唱した。森は，人間のロボットに対する感情的反応について，「ロボットがその外観や動作において，より人間らしく作られるようになるにつれ，より好感的，共感的になっていくが，ある時点で突然強い嫌悪感に変わる」と予想した。さらに，「人間の外観や動作と見分けがつかなくなると再びより強い好感に転じ，人間と同じような親近感を覚えるようになる」と考えた。このような，外見と動作が「人間にきわめて近い」ロボットと「人間と全く同じ」ロボットによって引き起こされると予想される嫌悪感の差を「不気味の谷」と呼ぶ。人間とロボットが協働するためには，人間がロボットに対して親近感を持ちうることが不可欠であるが，「人間に近い」ロボットは，人間にとってひどく「奇妙」に感じられ，親近感を持てないといわれている。この現象は，ロボットが実際

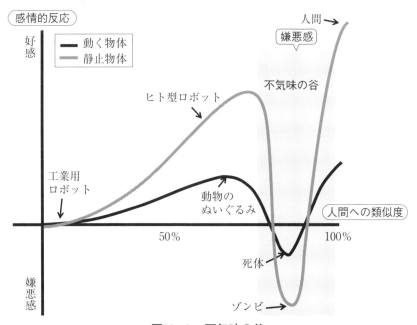

図11-4　不気味の谷

の人間とかけ離れていると，人間的特徴の方が目立ち，認識しやすくなるため親近感を得やすい。しかし，ロボットがある程度「人間に近く」なってくると，非人間的特徴が目立ち，「奇妙」な感覚を人間にいだかせる。

　このように，ロボットが人間に近づくにつれて，好感度は徐々に上がっていくが，あるところで突然嫌悪に変わる「不気味の谷」を図11-4に示す。人間への類似度と人間の感情的好感度の反応が示されており，「不気味の谷」をさらに超え，人間に近づくと再び好感度が上がっていくとされている。また，静止物体よりも動く物体の方が不気味さが増すといわれている。不気味の谷は，「人間」と「ロボット」の「狭間」として知られているが，ロボットだけではなく，コンピュータグラフィックスの世界でも同様に適用されているといわれている。

4．サイボーグ

　ヒトの機能を拡張するために技術が活用される場合もあり，「ロボット」ではなく「サイボーグ」と呼ばれる。サイボーグは，1960年頃にM.クラインズがサイバネティクス・オーガニズムの短縮語で，「意識せずとも完全な平衡調節系として働く対外的に拡張された有機複合体」として定義され，提唱された。これまでは，傷病のために正常の機能を失った人間に義肢や人工臓器などをつけて正常機能を回復させる機能代替サイボーグや，人間にさらに装置を取り付けることによりその機能を改善・補助・拡張する装着型サイボーグがある。

　患者の治療を行ったり，装着者の重労働を補助したりする装着型サイボーグの一つにCYBERDYNE社のHAL® (Hybrid Assistive Limb) がある (参考文献→3，4)。人間の身体機能を改善・補助・拡張させること

を目的として開発されたシステムで，生体電位信号から人間の動作意志
を読み取り，人間の意志に従った動きを実現する随意的制御システム
や，人間の動作データベースから動きを再合成し機能することができる
ロボット的な自律的制御システムを搭載している。具体的な活用分野と
しては，医療機器として身体的機能に障害を抱える人の機能を改善する
治療や非医療の福祉分野での自立動作支援に加え，介護現場や工場など
での重作業支援，災害現場でのレスキュー活動など様々な分野への展開
が進んでいる。CYBERDYNE 社は羽田国際線ターミナルを運営する日
本航空ビルディングと，羽田への次世代ロボット導入などについての基
本合意を2015年に締結し，実証実験をスタートしている。例えば，2015
年からは，ロボットスーツである「HAL®腰タイプ作業支援用」を東京
空港交通のリムジンバス乗り場で検証し，腰の負担が減り，荷物の積み
卸しが楽になるなど，作業負担を軽減する有効性が確認されたと発表し
ている。人間は通常，体を動かすときは脳が神経を通して必要な信号を

写真提供：Prof. Sankai University of Tsukuba/ CYBERDYNE, INC.

図11-5　装着型サイボーグ（医療用 HAL® 〈左〉，HAL®腰タイプ作業
支援用 〈右〉）

その動作に必要な筋肉に送り，筋肉がその信号を受け取ることで筋肉を動かしている。この脳から神経を通じて筋肉へ送られる微弱な電気信号（生体電位信号）をセンサーが読み取り，腰に付けられたモーターを動かすことで，人の動作を補助するという仕組みになっており，腰の補助率は最大40％程度だという。さらに，人間の脳は，実際に体がどのような信号が送られたことで動作したかという確認を行う。つまり，HAL®を用いて歩くという動作を実現した時に，人の末梢から感覚神経を通じて「歩けた」という感覚情報のフィードバックが脳にされる。このメカニズムを用いることによって，病気などで歩行が困難になった患者さんにHALを用いた歩行運動処置をすることで，脳・神経・筋系の機能改善治療を行うことができる。このように，人間の動作のメカニズムや，神経と神経，神経と筋力のシナプス結合を強化・調整し可塑性のメカニズムを活用することにより，HAL®は身体機能を改善したり，補助したりと人間の機能を拡張したりする装着型サイボーグであるといえる。

　一方，装着型サイボーグの応用例のひとつに軍事利用がある。ヒトの機械化により，殺戮兵器など軍事での利用をしようと考えると活用が可能であり，無人戦闘機などの開発もなされてきている。それに対抗し，あくまでロボットは，ロボット三原則に従い開発・利用すべきという立場に立ち，第1条の「人間に危害を与えてはいけない」という条文に従い，研究の軍事転用を拒むなど三原則を現実世界での倫理上のよりどころにしているロボット工学者が多い。

5．コミュニケーションロボット

　近年，コミュニケーションロボットが普及してきている。例えば，ソフトバンクロボティクスのPepperは，人間と会話を交わしたり，ユー

ザの喜び，驚き，怒りなどの感情を認識したり，自律した移動ができる
など，人間と共生することを目的とし開発されたロボットである。コ
ミュニケーションロボットが増加してきた背景としては，音声認識技術
や画像認識技術，クラウド上での処理技術の発達が大きいとされてい
る。さらに，ヒューマンロボットインタラクションの研究分野における
研究成果の影響も大きい。これまで，人と人とのコミュニケーションの
研究は，社会学，心理学など人文科学の分野として研究が行われてき
た。しかし，これらの人文科学の観点から人のコミュニケーションを観
察・分析し，そこから得られた知見を工学的にモデル化し，機械に応用
するアプローチが進められているという背景がある。

　例えば，人と人とが会話をする際，うなずきや視線，指さしなどの非
言語行動は発話意図を理解する上で重要な手がかりであるとされてい
る。また，人の位置関係もコミュニケーションに影響を及ぼすことがわ
かっている。つまり，コミュニケーションには，相手の行動や状況を見
ているからこそ話の内容理解ができ，さらに自分自身も適切な非言語行
動を示しているからこそ，成立しているということである。これらの人
文科学的な知見を踏まえ，博物館や美術館におけるガイドロボットへの
応用も進んでいる。これは，美術館での学芸員の行動，つまり人間同士
の相互行為の分析を行い，それをロボットに応用することで，人とロ
ボットの相互行為を成立させるというアプローチである（参考文献→5）。

　また，Baron-Cohen は自閉症の研究を進める過程で，視線が意図の理
解に重要であるということを示し，意図理解モデルを提案している（参
考文献→6）。このモデルは，「意図の検出モジュール」「視線方向の検出
モジュール」「注意共有メカニズム」「心の理論のモジュール」の4段階
に分かれており，人と人との「興味の中心」を共有するためには相手の
視線の方向を検出し，その視線の先にある物体と人の心理状態を総合的

に分析し，その意図を読むことが重要であると述べている。このように，人間の脳内では，他人の意図を推定する仕組みがあり，そのモデルを示したことは，人とロボットがお互いに相手の意図を読み，行動するロボットの設計に大きく寄与している。

　人の行動を分析して得られた知見を基に設計されたロボットは，人とのコミュニケーションによる評価がなされ，その評価により，新たな知見につながるという研究も増えてきている。例えば，犬型ロボットと人間型ロボットに対する人の行動を比較し，犬型ロボットには頭をなでるなど犬に対する行動と類似行動が見られ，人間型ロボットに対しては，人間に対する行動が見られたなどの違いが明らかになっている（参考文献→7）。

参考文献

1　J. Chestnutt, M Lau, G. Cheung, J. Kuffner, J. Hodgins, T. Kanade, Footstep Planning for the Honda ASIMO Humanoid, Proceeding of the IEEE International Conference on Robotics and Automation, (2005)

2　K. Kaneko, F. Kanehiro, M. Morisawa, K. Miura, S. Nakaoka, S. Kajita, Cybernetic human HRP-4C, IEEE International Conference on Humanoid Robots, (2009)

3　Y. Sankai, Leading Edge of Cybernics : Robot Suit HAL, Proceedings of SICE-ICASE International Joint Conference (2006)

4　Y. Sankai, T. Sakurai, "Exoskeletal cyborg-type robot", Science Robotics 3, no. 17, (2018)

5　K. Yamazaki et al., Prior-to-request and request-behaviors within elderly day care : Implications for developing service robots for use in multiparty settings, ECSCW'07

6　バロン・コーエン『自閉症とマインド・ブラインドネス』青土社（2002）

7　A. Austermann, S. Yamada, K. Funakoshi, M. Nakano, Similarities and differences in user's interaction with a humanoid and a pet robot, ACM/IEEE International Conference in Human-Robot Interaction, (2010)

学習課題

1）ロボットとサイボーグに違いを説明してみよう。

2）産業用ロボットとコミュニケーションロボットの違いを考え，整理してみよう。

3）コミュニケーションロボットが身近な存在になった社会を想定し，ロボットと人間との関わり合いやロボットの役割について考えてみよう。

12 | データサイエンス・ビッグデータ

辰己丈夫

《**目標＆ポイント**》 さまざまなデータを取り扱う科学的な態度であるデータサイエンスの概念，大量のデータを入手することができる IoT，そして，ビッグデータによる膨大な処理について述べる。
《**キーワード**》 データサイエンス，IoT，ビッグデータ

1. データサイエンス

データサイエンスとは，さまざまなデータの取り扱いに際して必要となる，科学的なものの見方の総称である。以下に，データサイエンスの基本的な手法について述べる。

（1）統計的な手法

入手したデータに対して，それぞれの頻度を数えたり，平均値，中央値，最大値，最小値，標準偏差などの，統計的な代表値（基本統計量）を計算する。これは，データサイエンスを行う上での，第一歩である。

（2）相関

例えば，リンゴの「直径」と「重量」のような二種類のデータについて，「直径が大きいものは，だいたい重量も大きい」「直径が小さいものは，だいたい重量も小さい」という傾向があるとき，統計学の世界では「直径と重量に正の**相関**がある」（図12-1）という。逆の傾向のときは負

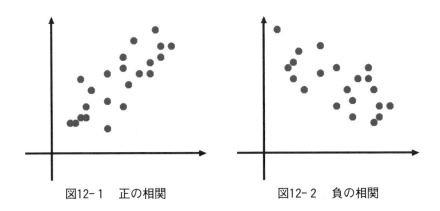

図12-1　正の相関　　　　　　　　図12-2　　負の相関

の相関（図12-2）という。

　2種類のデータに相関があるとき，その2種類が影響し合うか，ある
いは，その2種類のデータの値を決めている共通の原因があると考えら
れる。しかし，ここで重要なことは，相関があることがわかったからと
いって，原因や因果関係がわかるというものではない，ということである。

　例えば，小学生を対象として調査すると，身長が高いほど，正確に書
ける漢字の文字数が多いことがわかる。すなわち，身長と正確に書ける
漢字の文字数は正の相関がある。だが，ここから，「身長が高いことが
理由で，漢字をたくさん書ける」ようになったと結論することは誤りで
ある。これは，小学生では学年が進むに従って，身長は高くなる。そし
て，学年が進むに従って，漢字の学習経験も増加する。結果として，身
長と漢字の学習経験には正の相関が見られることになる。しかし，実際
にはどちらも，潜在変数である「学年」との相関から生じた関係にすぎ
ない。

　このように，本当は因果関係がないのに，データだけを見ると相関し
ているように見える状況のことを**疑似相関**という。疑似相関には，上に
述べた「潜在変数の存在」によるものの他に，「つばめが低く飛ぶと雨

が降る」のように因果関係が逆向きになっていて相関に見えるもの，そして，「俳優ニコラス・ケイジの映画出演本数と，アメリカ国内のプールで溺死する人が相関している」という単なる偶然もある。

また，「紙オムツを買う人はビールを買うことが多い」ということが，正の相関としてわかったとしても，そのことから，「ビールを買う人を増やすには紙オムツを買う人を増やせばいい」という結論（誤った推論である。）は出せない。これは，因果関係ではない。

しかし，疑似相関の原因はわからなくても，その状況を利用して商品開発や宣伝に利用することも可能となる。先ほどの例では，紙オムツの売場とビールの売場を近付けたところ，売上が増えた，という話が知られている。

（3）ノンパラメトリックなデータ

上で述べた相関のようなデータの関係を調べるときには，そもそも，そのデータがどの範囲に存在し，平均値や中央値などの数値化された代表値を計算できる，というような前提がある。このようなデータを**パラメトリック**（分布がある）なデータという。

それに対して，主に言語や，心理学，美術，音楽などのデータの場合，そもそも数値で計算するべきではないデータも含まれる。例えば，ある文章に用いられている文字コードの平均値を計算しても，それは，多くの場合，なんの役にも立たない。よろこんでいる人と悲しんでいる人の人数比がわかったからといって，中間的に喜んでいて中間的に悲しんでいる人がいるわけでもない。

そこで，異なる方法での統計的な調査が必要になる。このようなときに用いられる統計的手法はいくつもあるが，それらを**ノンパラメトリック**（分布がない）データと呼ぶことがある。

（4）データのクラスター分析

よくにた特徴を持つデータを同一のクラスにいるとみなし，多数の
データを，いくつかの（少数の）クラスに分類する（図12-3）ことを，
クラスター分析という。

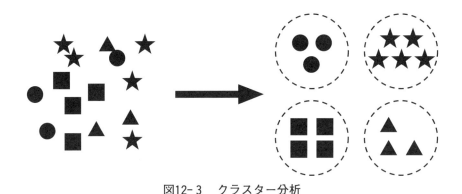

図12-3　クラスター分析

クラスター分析を利用すると，「当店の利用者の行動は，次の5通り
のどれかであることが多い。」や，「セミナー参加者のアンケートによれ
ば，田中さんの話を速すぎると評価し，鈴木さんの話は聞き取りやすい
と評価していた人が多かった」のようなことがわかるようになる。

（5）共起分析

例えば，辞書を使って，長い文書に現れる語句（名詞，動詞，形容
詞，副詞など……言語によって異なる）を文ごとに抽出する。そうする
と，特定の2つの単語について，それらが現れる文は，それらの片方の
単語のみが現れる文より多いことがわかると，この2つの単語は関連が
強いと考えられる。このようにして，単語同士の結びつきの強さを調査
するのが，共起分析（共起度分析と呼ぶこともある。）である。例とし

て，以下のような分析ができる。

- 多くの人を対象としたアンケートを取ったところ，自由記述欄には，「田中さん」のことを書いたひとは「話を速すぎる」と書いた人が多く，「鈴木さん」のことを書いたひとは「話がわかりやすい」と書いた人が多かった。

- 授業前に行った調査の結果では，プログラミングは難しいという記述が多かったが，授業後の調査では，プログラミングは役に立つという意見が増えてきた。

　前者の場合は，田中さんに「もうすこしゆっくり話すべき」とアドバイスできるし，後者の場合は，この授業の効果でプログラミングを役に立つと考えるひとが増えたであろうと，主張する根拠になる。

（6）データ分析の手法のまとめ

　データ分析には，今まで述べてきたものの他にも，いくつかの手法があり，データサイエンスというのは，これらの手法を含む一般的な方法・理論である。

- 記述統計
  - 頻度分析
  - 共起分析
- 多変量解析
  - 因子分析
  - 主成分分析
  - クラスター分析
  - 重回帰分析
  - 共分散構造分析

2. データマイニング

（1） データ解析

　例えば，成績データ，スポーツなどのデータ，さらに，企業の活動で生じた取引に関するデータ，建物，土木，交通，気象，芸術，文化，犯罪など，さまざまなデータがある。このようなデータのそれぞれは，データの個数が少なく，観点が定まっていて（モデル化できていて），現在，普及している小型のコンピュータを利用すれば，相関があるかどうかなどを，比較的簡単に明らかにすることができていた。

　このようなデータ解析によって，データ分析の初歩的な方法が確立された。

（2） データの関係における「仮説」

　例えば，（真実かどうかは確認していないが）

- 気温が高いと，火事になりやすい
- 数学の点数が高い人は，物理の点数も高い
- 採集されたサンプルは，４種類に分けることができる

といったような傾向・特徴があるかどうかを調べることにしよう。これらの傾向・特徴は，人間が見て，おそらく成り立っているであろうという**仮説**として表明され，その仮説が正しいかどうかを，統計的な手法（推測統計）によって示すことができる。（推測統計によって，迷信だったことが明らかになったこともあったと思われる。）

　しかし，例えば「気温が高いと，火事になりやすい」かどうかを調べるということは，その２つに何らかの関係があるという仮説があれば調べることが可能であるが，仮説がない状況で，この２つの関係を仮説の推測という方法で調べることはできない。（なぜなら，仮説がないから

である。）もし，（本章で説明するためにでたらめであるが）

- 人 i の身長を t_i とし，その人が飼っているペットの体重を W_i，その人が現在の住所に住み始めてからの日数を d_i，そして，その人の名前の音節数を s_i とする。そして，$u_i = t_i^2 + W_i$，$v = d_i + \sqrt{s_i}$ とすると，$i = 1$，2，……，N に対して，u_i と v_i には正の相関が見られる

という関係が隠されていたとする。我々は，それをどのようにして見出すことができるだろうか。t_i と u_i は，なんらかのモデルを前提として計算される指標（インデックス）であるが，その指標を表す式を見つけることは容易ではない。クラスタリングについても，似ている観点を人間が見つけなければいけないことから，同様である。

（3）データマイニング

　データマイニングとは，すでに述べたような「仮説」を立てずに，データの関係を見出す手法全体のことである。

　コンピュータの計算能力が向上していくにつれ，スーパーコンピュータを利用することで，データのみからデータの関係を見出すことが実現可能になってきた。例えば，多数の人について，身長，体重，血圧，血中の成分 A の濃度，B の濃度，……心拍数など，p 種類のデータがあったとする。このとき，p 種類の中から 2 つを選ぶ組み合わせは $p(p-1)/2$ 通りある。

　昔のコンピュータでは，それらすべての組み合わせを使って調べ，相関があるかないかを発見することは，性能上，容易ではなかった。だが，近年，コンピュータの性能が向上したおかげで，可能となった。

　さらに，指標にする関係式としてよく用いられるものを利用し，多量のデータの組み合わせをつくり，それらに関係があれば，それを見出すことが現実的にできるようになった。その結果，データだけを漫然と見

ていてるだけではわからない相関傾向を，発見することができるように
なった。

（4）データ解析のまとめ

ここまでをまとめると次のようになる。

1）データ相互の関係として，相関を探したり，クラスに分けたりする
ことができる。

2）小規模な計算で相関を見出すには，仮説が必要である。

3）大規模な計算が可能になり，データマイニングができるようになっ
た。

科学的な態度（机上の理論）から始まった統計学が，コンピュータの
おかげでデータサイエンスとなり，技術の発達に伴う性能の向上のおか
げで，現実に計算可能な手法として用いられるようになり，そして，
データマイニングが可能となったのである。

3．ビッグデータ

（1）計算機の発展とビッグデータ

歴史的に見れば計算機（コンピュータ）は，計算を行う機械として登
場し，発達してきた。まず，電子計算機と呼ばれるものが登場する以前
は，土の上に石をおいた計算方法から始まり，算木，そろばん，そして
歯車計算機などが作られた。このような計算機は，人間の手を利用した
操作によるものの移動で動いてたため，あくまでも，私たち人間の計算
部分のみを直観的に補助するものでしかなかった。

現在の計算機は，多くが電気（電子）を利用していて，非常に単純な
計算を高速に行うことを目的として開発されている。そのハードウェア

としての性能は，日々向上している。また，コンピュータ単体のみならず，データをやり取りする通信線（コンピュータ本体のバスや，コンピュータ同士を結ぶネットワークと呼ばれる）の通信速度の向上も，コンピュータ全体の性能向上に寄与している。

　さらに，計算に使うアルゴリズムや数学の研究についても，さまざまなことがわかるようになってきた。特に，大量のデータを利用して，何かを見出す手法についての研究がなされるようになった。ここでいう大量のデータとは，1台のコンピュータではとても取り扱えないような大量のデータのことである。我々は，このような大量のデータを，ビッグデータと呼んでいる。

　ビッグデータの特徴としては，次のような項目が挙げられ，**3Vを持つデータ**ともいわれている。

Volume：容量が多い（大きい）

　大量のデータである。（数百億件から数兆件を越える）

Variety：多様である

　多種多様なデータで，取り扱うためのモデル化（観点の明確化）が行なわれていないことがある。

Velocity：高速に生成され続けている

　計測機器などで日々大量に新しいデータが生成されることがある。

（2）ビッグデータ解析でわかること

　ひとつの例を述べる。

　ある建物で毎日，気温を測定したとする。それは1年で365日（あるいは366日）分のデータであるが，毎時0分に測定すれば毎日24件，毎分0秒に測定すれば毎日1440件，毎秒測定すれば毎日86400件のデータとなる。

　毎秒毎の気温のデータを，漫然と見ていても何もわからないが，学校の中に100箇所の測定箇所を設け，１年を通じて測定すると，膨大な量のデータになる。そして，それを国内すべての建物で計測すると，とてつもない量のデータになる。温度だけでなく，湿度や振動などのデータも取ってみると，さらに多くのデータとなる。

　さて，これらのデータを，建物がある地域の屋外の気温や湿度，建物の高さ，その建物を使っている人の平均年齢…などさまざまなデータと相関があるかどうかを計算してみることができる。他にも，その建物の材質や，建物の古さなども関連があるかも知れない。さらに，データを外国の建物にまで広げてみると，その建物がある国の国民総生産などの経済に関するデータ，国民の平均寿命などの医療・保健に関するデータ，その地域の降水量などの自然に関するデータ，さまざまなデータと比較して，相関があるかどうかを計算してみることも可能となる。

　そして，これらのデータは日々更新され，新しいデータが生み出されていく。

　もし，これらのデータに相関に見える状況が見つかれば，その原因があると考えられ，あらたな科学的な理論などがわかることもあると推測できる。

　このように，３Vを持つ多数のデータを利用して，さまざまなことを明らかにする活動が，ビッグデータによるデータマイニングである。

　また，新しい解析手法も日々研究されている。

4．ビッグデータの入手

（１）もののインターネット IoT

　最初のコンピュータは，計算を行う専門の機械であったが，やがて，

　私たちの周りにあるさまざまな機械にも，コンピュータが組み込まれる
ようになった。最初はコンピュータを使って精密に動作したり，省エネ
ルギーで動作するなどの特徴があった。その後，これらの機械に入った
コンピュータがインターネットにつながるようになると，インターネッ
トを利用して機械の動作の状況を知ったり，インターネットを使って動
作の命令を送ることができるようになった。

　このようにして作られた状況のことを，「もののインターネット（“In-
ternet of Things”，略して IoT）」とよぶ。本章でここまでに述べてき
たように，温度や湿度，振動数などの物理的な量はセンサーで計測でき
る。一方で，人口や経済活動のデータは政府統計などから入手できる。
人間の発言をテキストにしたものも入手できる。我々の身の回りは，つ
ねに多量のデータにあふれていて，それをインターネットを利用して集
めることができるようになったのが，IoT である。そして，これらの
データを，今までの誰も考えなかったような，巨大な保存領域とメモリ
を持つコンピュータで処理することができるようになったのが，現代社
会である。

（2）LPWA

　LPWA（Low Power Wide Area）とは，電波を利用した広域デジタ
ル通信ネットワークの考え方のひとつである。これは，広い範囲を，な
るべく低コスト，そして低消費電力（たとえば，電池1つで数年間動作
する）で通信させる規格を実現している。自動販売機の発売状況や，気
象データセンサ，屋外照明，信号機，自転車，自動車，歩行者，さまざ
まな対象が，に関するデータを，LPWA で通信することが可能となる。
重視しているのが，低コストで広い範囲に多数のセンサーを設置する通
信であることから，動画中継のように短時間で大きなデータを扱うこと

は想定していない。

　LPWA 自体は低レイヤの考え方であるためインターネットではないが，LPWA に接続された機器から集めたデータをインターネットを利用して転送し，それを解析することが可能となるため，広い意味で IoT に欠かせない技術である。

（3）IFTTT

　新しい IoT 機器を考案して作る（開発）際に，IFTTT（IF This Then That）と呼ばれる web サービスを利用することがある。IFTTT は，Linden Tibbets 氏によって始められた web サービスであり，その基本的な手法を利用すると，web を利用したさまざまなサービスを連携させることができる。そこで，Facebook，Twitter などの web サービスや，センサー，モータ制御などのメーカーなど，多くの企業の製品が IFTTT に対応している。

　IFTTT を利用して，利用者が身近な気温センサーや，加速度センサー，明かりセンサーなどを登録しておくと，例えば，以下のようなことが可能となる。

- 一定の気温になったら，その気温や時刻を Twitter に投稿する
- ある物体が激しく動いたら振動数を Facebook に投稿する
- 部屋が明るくなったら，自動的に写真を撮り Instagram に投稿する

このようにして，IoT な環境を作り出すことができる。

　この IFTTT を利用すれば，3 V なデータを入手することが可能となる。

（4）データの入手範囲

　すでに，パラメトリックな統計と，ノンパラメトリックな統計につい

て述べたが，データサイエンス・データ解析を行う際には，データの入
手範囲についても注意を行う必要がある。

　本書ですでに述べられているように，我々の周りのデータは，人間の
認知できる範囲のデータだけでない。例えば，可聴帯域を超えた音源に
関するデータや，可視光線の外側の波長を持つ光（電磁波）のデータも
ある。人間は，自分が認知できない音や光の影響を考えるのが不得意で
あるが，そのようなデータもセンサーによって入手することができるこ
とから，解析の際には，含めておくべきであると言える。

（5）ビッグデータの解析とスーパーコンピュータ

　既に述べたように，ビッグデータとは，とてつもなく大量のデータの
ことである。ビッグデータを解析するには，スーパーコンピュータに代
表される，大量のデータを，一度に高速に取り扱うことができるコン
ピュータが必要となる。

　例えば，理化学研究所が構想したスーパーコンピュータ「京」の製造
を担当した企業は，その製造技術を利用したスーパーコンピュータを他
にも設置し，多くの企業や研究機関のデータマイニングなどの計算を請
け負っている。

　また，東京工業大学が構想したスーパーコンピュータ「TSUBAME」
では，新しい薬を作るためのシミュレーションを行なっていて，そのた
めに，さまざまな医療データや分子データなどを大量に利用している。

　詳しくは，第14章で述べる。

参考文献

奥村晴彦，R で楽しむ統計　共立出版（ISBN978-4-320-11241-4）（2016）
渡辺治，コンピュータサイエンス　丸善出版（ISBN978-4621089729）(2015)

学習課題

1）日常のいろいろなデータについて，それぞれ，ビックデータの特徴とされる3 V のどの特徴を満たすか，満たさないかを確認（検証）してみよう。

2）次の2つのデータ系列がある。
$$x = \{x_0,\ x_1,\ \cdots,\ x_{n-1}\}$$
$$y = \{y_0,\ y_1,\ \cdots,\ y_{n-1}\}$$
このとき，x と y のデータの相関係数 c を求める式を記してみよう。また，この相関係数 c について，$c = -1$ となるのはどのようなときだろうか。

3）相関があるように見えているが，実際には相関がない（疑似相関）データには，どのようなデータが知られているか。具体例を考えてみよう。

4）LPWA を利用した新しいシステムを考案し，その実現手法を提案してみよう。

13 | データクレンジング・人工知能の登場と倫理

辰己丈夫

《**目標＆ポイント**》　IoT で得られた多量のデータ（ビッグデータ）を解析するには，データの形式を整えるデータクレンジングを行う必要がある。また，データ分析を行う際の倫理的な問題点にも注意をすべきである。人工知能の開発の歴史的な経緯と社会への影響について述べる。

《**キーワード**》　データクレンジング，情報倫理，人工知能の歴史

1. データクレンジング

（1）データクレンジングとは

　データ分析を行うときに，あらかじめ，データを処理しやすいように処理しておく必要がある。これを，データクレンジングという。代表的な作業を以下に挙げる。

- データそのものを正しくする
- データ形式を統一する
- 名寄せ
- 重複を取る・欠損を埋める
- 外れ値を取り除く
- データの正規化・構造の把握

　データクレンジングで大事なのは，データの不正にならないように，恣意的なデータ加工を避けつつ，誤って取得されたデータを除去し，ま

た，観点が同一でないデータを同一観点のものにしないように区別する，という作業である。

（2）データそのものを正しくする

明らかに誤ったデータ記述があった場合に，それをあらかじめ修正しておく作業が必要となる。

例えば，仮名漢字変換のミスや，言い回しの誤りなどの誤記は，修正しておく必要がある。「よみがな」の誤記も修正が必要となる。（なお，誤記の出現を研究・調査に対象としている場合は，それ自体を修正をしてはいけない。）以下に例を挙げる。

- 英単語のスペル間違い。
- 固有名詞，一般名詞（特に外来語カタカナ表記）の誤り
  - 「日本放送大学」→「放送大学」
  - 「茨城県」を「いばらぎけん」→「いばらきけん」
  - 「大坂府」→「大阪府」
  - 「テニスの大阪選手」→「テニスの大坂選手」
  - 「シュミレーション」→「シミュレーション」
  - 「内臓ハードディスク」→「内蔵ハードディスク」
- 日本語環境で，OCR（光学文字読み取り）で読み取られた文章に多く見られる
  - 全角半角の混在
  - 違う文字の利用「干葉県」→「千葉県」

（3）データ形式を統一する

データの表記の慣用例が複数あり，それらが混在している状況を統一したり，物理量の単位系の変換を行う。時刻データについては，時差を

反映させる。
- 2019年4月1日，2019/4/1，2019-4-1，20190401
- 月曜日，げつようび，Monday，星期一
- 80km/h，50MPH
- 36℃，100F

（4）名寄せ

　日本人の場合，姓名がともに一致する，完全な同姓同名は比較的珍しい。特に，同姓同名で生年月日が同じというケースは，それほど多くない。そこで，同一の姓名の人から得られたデータが，同一の人から得られているとすることがあり，それを，「名寄せ」と呼ぶ。ただし，名寄せは同姓同名を同一視してしまうので，慎重に行う必要がある。

（5）重複を取る・欠損を埋める

　想定外にデータの重複取得などがあったとき，それを取り除く。

　また，逆に必要なはずのデータが揃っていないときは，そのデータを入手する。どうしても入手できないときは，統計的に正しい方法によって補正を行う。

　例えば，ある小学校で，全員の体重の平均を求めたいが，6年生の半分の生徒が計測できなかったとき，計測できた人のデータをそのまま用いて割り算を行ってしまうと，平均値は，低く求められてしまうことになる。

（6）外れ値を取り除く

　多数のセンサーからの温度データを採取してみたところ，1つの温度センサーだけが現実にはありえない高温であると計測した場合や，ある

１カ所での音圧があり得ないほど大きいと計測された場合，あるいは，為替システムにおいて，特定の政治的な現象（政治家の発言など）が原因で短時間でのデータの変動が過大になってしまうようなことがある。このようなデータは「外れ値」と呼ばれる。外れ値を取り除いてから，データの傾向を見る，分析するときに，あらかじめ取り除いておくほうがよいと言える。

（7）データの正規化・構造の把握

元データの表記方法がよくない場合に，データの正規化を行う必要がある。元データに，表計算ソフトのセル結合などがあったときは，元のデータが本来表していた構造・繋がりになるデータとして取り出す必要がある。

例えば，以下のような処理を行う。

表13-1　そのままデータ処理できない表現

A	国語，数学
B	国語，数学，物理
C	英語，音楽

A	国語
	数学
B	国語
	数学
	物理
C	英語
	音楽

左上，右上の表を，下の表の構造を持つデータに書き換える。

表13-2　そのままデータ処理しやすい表現

A	国語
A	数学
B	国語
B	数学
B	物理
C	英語
C	音楽

これは，リスト構造を表す式であれば，次のように書くこともできる。

((A 国語 数学) (B 国語 数学 物理) (C 英語 音楽))

図13-1　S式によるデータ構造の表現

この例では，LISPという言語で用いられるS式という書き方を採用しているが，多くのプログラミング言語では，リスト構造を表現できることから，データをリスト構造で保管しておくことは有用である。

2. 機械可読性と人間可読性

（1）機械可読性

データを，機械が読み取れるようになっている性質のことを，機械可読性という。機械可読性が低いデータとして，次のものを議論する。

① 人間が適当な省略をしているデータ

データを表すときに，人間ならすぐに理解できるが，プログラムを

用いて読み取ろうとうすると，簡単でない状況になっている表は，機械可読性が低いと言える。例えば，**表13-1**のように，データの個数が一定でないが，「，」を利用して並べている場合や，表計算ソフトでの「セル結合」を利用しているものである。このようなデータは，データクレンジングを行う必要がある。

② 機械では受け入れ難い「表現のゆらぎ」があるデータ

人間ならば，違いを違いとして認識しないが，コンピュータは，その違いを読み取れるようにプログラムされていなければ，読み取れないデータである。例えば，人間による手書きの文字をコンピュータが認識する「手書き文字認識」は，容易ではない。それは，同じ文字を表す場合でも，さまざまな手書き字面（グリフ）が存在するからである。また，音声での発話データから，文字データを起こす「音声自動認識」も，簡単ではない。だが，手書き文字認識も音声自動認識も，近年のコンピュータによって，実現しつつつある。

一方で，例えばネコの写真を入力したとき，コンピュータが，それをネコと認識することは，容易ではない。これは，人工知能による画像認識を必要とし，近年，非常に研究・開発が盛んになっている。

③ アナログ情報で記録されているデータ

例えば，印画紙に焼き付けられた写真，紙に印刷された書類，アナログレコードに記録された音源などである。これらを機械で処理するためには，一定の方法で取り込む作業と，アナログ-デジタル変換（A/D変換）を行う必要がある。例えば，紙に印刷された原稿を取り込む際には，スキャナーに載せるなどの処理が必要となる。また，A/D変換を行うと，量子化誤差が発生してしまう。

④ データをデジタル化する方法が確立されていない場合

例えば，味覚や嗅覚は，どのような要素を利用すれば正確に表現

（記録）できるかが，まだわかっていない。さらに，人間の感情や心理的状況も，数値化されたデータで表現（記録）することはできていない。従って，人間の心に支配されることがある「株式市場の『相場観』」や，「為替市場の『思惑』」もまた，デジタルデータとして表現（記録）することはできていない。記録できるのは，『相場観』や『思惑』に密接に関連していると思われる数値のみである。

（2）人間可読性

機械では読み取れるが，人間では読めないデータの例を，以下に挙げる。

①　大量のデータ・高速に生成されるデータ

IoT 環境が発展していくと，さまざまなデータ計測装置からのデータを集めることができる。その結果，人間では簡単に把握できない量になる。

②　構造が複雑なデータ

人間では把握できない程度の複雑な構造を持つデータ。人間が大規模で複雑な構造を持つデータを理解するためには，それぞれのデータを，適切にクラスタリングして人間がわかりやすいように抽象化するしかないが，人間が考えたクラスタリングが最適な方法であるとは限らない。例えば，囲碁の盤面の構造は複雑であるが，それを理解するために人間が行う分類と，人間による知識支援を用いずに行われたクラスタリングは，完全に一致するとは限らない。

③　厳密さが求められるデータ

例えばシステムの利用規約や，取引先との契約条項，裁判の判例，そして，コンピュータで利用されるプログラムなどのように，読みやすさよりも正確さが重要な文書全体を，人間が，すぐ正確に理解する

ことは難しい。これらの文章・文書は，社会システムを動かす上で厳密さのみが求められるのであって，人間が読みやすい文章にすることの優先順位は低い。

3. データ分析と倫理

（1） データ分析における倫理的判断

ここでは，倫理的判断を「ある行為を行っていいかどうかを，その行為者が関係する社会通念や法律・ルールなどに照らし合わせた判断」のこととする。極めて極端に言えば，合法かどうか，地域のルールに反してないかどうかを判断すること，といえる。

データ分析に限らず，さらに情報を利用した活動に限らず，私たちが現代社会で生活していく上では，ほとんどの行為について，それを行っていいのかどうか，倫理的判断が求められる。

（2） 手段の倫理性

現在の私たちの活動は，その多くが，IT と関係した機器を利用している。これらの機器の多くは，その動作記録をファイル（ログファイル，通称ログ）として保存することができる。したがって，ログを分析することによって，活動に関わる人間の行動について，何らかのことが明らかになることは，容易に推定できる。だが，そのようなことを行っていいのか，という問題はつねに考えておく必要がある。

例えば，世界中の多くの民主主義国家では，次の2つの原則は重要視されている。

- **通信の秘密**
  - 通信内容を傍受してはいけない。

○故意ではなく通信内容を傍受した人は，その内容を語ってはいけない。

- **報道の自由**（Freedom of Press）
  ○どのような内容を報道しても，それを政治的・思想的理由として，報道した人・企業の存立が脅かされることはない。

通信機器の管理者や通信事業者であれば，顧客の通信内容を調査することや，報道の自由をおびやかすような行為は，技術的には可能である。だが，それを行ってしまうと，結果として社会は監視社会となり，民主主義の原則が脅かされることになる。

（3）目的の倫理性

個人の思想や信条，あるいは個人の行動範囲などのデータも，もののインターネットで利用される機器である IC チップと，本人の行動がよくわかるポイントカードのデータや店舗の売上データなどを大量に収集して解析することで，いろいろなことがわかってくるようになるといわれている。

そこでわかってきたことを利用して，病気の予防や，省エネルギー・エコロジーなどに活用したり，効率的な学習方法を見つけることができるかも知れない。一方で，これらのデータをすべて収集して個人の行動を分析することは，個人監視にもつながる行為となり，不快な思いをする人もいる。ビッグデータの利用には，そのデータに関わる人の気持ち・プライバシへの配慮も必要となる。

この他にも，人命を危険に晒したり，環境を破壊したり，民主主義の根底を揺るがせたり，差別や社会的不平等・経済格差を広げたりするようなことを目的としたデータ収集やデータ利用もまた，行うべきでないと考えられる。

（4） OECD AI 原則

2019年5月22日，経済協力開発機構（OECD）は，「人工知能に関する新原則」を定めた。その概要は，以下の通りである。

1） AIは，包摂的成長と持続可能な発展，暮らし良さを促進することで，人々と地球環境に利益をもたらすものでなければならない。

2） AIシステムは，法の支配，人権，民主主義の価値，多様性を尊重するように設計され，また公平公正な社会を確保するために適切な対策が取れる―例えば必要に応じて人的介入ができる―ようにすべきである。

3） AIシステムについて，人々がどのようなときにそれと関わり結果の正当性を批判できるのかを理解できるようにするために，透明性を確保し責任ある情報開示を行うべきである。

4） AIシステムはその存続期間中は健全で安定した安全な方法で機能させるべきで，起こりうるリスクを常に評価，管理すべきである。

5） AIシステムの開発，普及，運用に携わる組織及び個人は，上記の原則に則ってその正常化に責任を負うべきである。

4．人工知能につながる歴史

（1） 知能と歴史

我々はさまざまなデータを利用して，そのデータを分析し，分析結果を利用して，新たな手法や器具・装置などを作っている。

この，人間が持つ「観察と工夫の営み」は，人間を特徴づけるひとつの行動様式であるとも言える。さらに，人間は文字を用いることができる。また，特に数字を並べて数を表現したり，図を利用して手順を表現することもできる。

一部の動物は，道具を使っていることがわかっているが，人間は，道具を抽象化して文字や数字の列にして，それらを理解して組み合わせて使うことができていて，これは，他の動物には見られない知的な活動である。

このようにして，人間はさまざまな活動を行ってきたが，「道具を用いる」という行為と，「対象を抽象化する」という行為を組み合わせることで，抽象化した概念を道具を用いて処理させることを始めた。例えば，石を並べてみたり，そろばんや算木といった道具，歯車を利用した計算装置を制作した。一方で，からくり人形に代表されるロボットや，自動織機などのパターンを自動的に作り出す機械も制作された。ここからは，機械を利用して処理を行うことが現実的可能であるということが，我々に予見されるようになってきた。

19世紀には，ブールが「真偽の概念」もまた数と同じように計算対象になることを示した。バベッジは計算機械を設計したが，機械そのものは完成しなかった。エイダはバベッジの計算機械を利用した計算プログラムを作っていた。

（2）数学との関わり

1900年，パリで行われた国際数学者会議において，ヒルベルトが「20世紀中に解決すべき数学の未解決問題」を列挙した。この中の，第10問題を解決するためには，「計算とは何か」を明確に定義する必要があった。当時の数学者たちは計算という行為自体を形式的に捉えていたものは少なく，したがって，第10問題の解決のために，計算概念は明確化される必要があった。

1930年代，ゲーデル，チューリング，クリーネ，ポスト，チャーチらの努力によって計算概念は明確に定義された。（第10問題が解決したの

は，もっと後であった。）そして，その成果が，今日のコンピュータの基本的な仕組みを作り出しているといっても過言ではない。

　数値を対象とした計算を行う機械は，20世紀になり電気（電子）を利用した装置で実現し，人間の能力を圧倒的に超える計算能力を持つようになった。計算概念の明確化から10年ほどの時間が経過していた。Zuse Z3，Colossus，ENIAC などが知られている。これらの計算機は，砲弾の弾道計算や，敵軍の暗号解読といった軍事用途が主であった。

（3）人工知能の着想と歴史

　ここまでに見てきたように，我々人間は，概念をデータ化して数値にし，電子計算機を利用して処理を行うことができるように進化してきた。

- 20世紀後半になり，戦争が沈静化してきた後，多くの技術者・工学者，そして作家たちは，人工知能の実現を目指したり，人工知能時代の社会を思索するようになっていった。チューリングも，人工的な知能の開発に努力していた。

- 1960年代後半に考えられていたのは，「人間が考えるのと同じように考える人工知能」であった。この時期を第1次 AI ブームと呼ぶ。実現のためには，我々人間が，情報をどのようにしてとらえ，どのようにして分析しているかを明らかにする必要があった。マッカーシーは LISP というプログラミング言語を開発して，このようなプログラムの記述を試みた。ローゼンブラットは1957年にパーセプトロン（第14章で後に述べる）を考案し，人間の神経細胞と同じように働くニューラルネットワークという考え方を提唱した。

　だが，この方法では，十分に我々人間の思考をモデル化することもできず，また，そのモデルのような数式・アルゴリズムがわかって

も，当時のコンピュータで模倣することも不可能であった。それでも，単純なルールのゲームであれば，この時代の人工知能によって十分に勝てるようになっていた。

- 1970年代後半からは，人間の考え方ではなく，人間が扱っている知識をどのように取り扱うか，という観点から人工知能を作り出そうという試みがなされた。これを第2次 AI ブームと呼ぶ。Prolog という論理型プログラミング言語では，さまざまな論理的な関係を記述することができる。このプログラムを大量に蓄積してデータベースのように用いることで，人間が行っている判断と同じ論理的判断をさせよう，という方針であった。

　そして，特定の業務に特化した判断システムとして，エキスパートシステムと呼ばれるシステムが開発され，簡単な用途なら利用できるようになっていた。

　しかし，この方針で開発を進めていくに連れて，専門家の知識を言語化することが容易でない（「知識のボトルネック」と呼ばれる）ということがわかってきた。それぞれの文書に結びつきやすい言葉は何か（「オントロジー」と呼ばれる），ある言葉がどんな概念を持っているのかといったことを，コンピュータで処理できるようにすることも容易ではなかった。さらに，データが増えれば増えるほど探索空間が膨大になり，現実には判断を行うために多くの時間がかかり，それは解消しなかった。

　さまざまな工夫がなされたものの，当時のコンピュータの性能では，人間の判断に取って代わる性能のシステムを作り出すことはできなかった。

- 2010年頃になって，急速に研究がなされるようになったのが，機械学習である。（本章で詳しく述べる。）そして，機械学習の中でも，深層

学習（ディープラーニング）とよばれる方法が提案されてから，判断が非常に正確になった。これは，すでに十分な計算能力を得てきたコンピュータを利用し，手書き文字認識などで実用化が進み始めた（第1世代 AI の技術であった）ニューラルネットワークの仕組みに，さらに抽象度を高めた概念を入れて運用する方法である。ディープラーニングを行うためには，ビッグデータとは違う使い方ではあるが，膨大な量の機械学習用の「教師データ」と，そのデータを扱うコンピュータが必要になった。

（4）「人工知能とはなにか」の現在

　現在，さまざまなシステムが，人工知能とされている。人工知能研究の専門家は，「第3世代の AI」すなわち，「機械学習によって動作するシステム」に人工知能の名前を与えている。

　しかし，過去には，もっと単純に作られていたシステムであっても，人間が，それを役に立たせようとして作ったものであれば，人工知能と呼ばれていた時代もあった。人間の知的な判断を部分的に代理するシステム，そして全面的に代理するシステムが，「人工知能」と呼ばれるシステムの特徴である。

　ところで，人は足を動かして進むが，自転車や自動車には足はなく車輪がある。鳥は羽を上下に動かして飛ぶが，飛行機の翼は上下に動かない。魚は尾びれを振って前に進むが，船には尾びれはなくスクリューで前に進む。人工知能もまた，人間が考えるのと同じように動作する必要はない。人間が考えた結果と同じような結果を，人間を利用せずに得るシステムこそが，人工知能と呼ばれるのである。

参考文献

松尾豊『人工知能は人間を超えるか ディープラーニングの先にあるもの』KADOK
　AWA（ISBN978-4-04-080020-2）（2015）
杉本舞『「人工知能」前夜』青土社（ISBN978-4-7917-7107-3）（2018）

学習課題

1）（例として）複数（できれば，3つ以上）のコンビニエンスチェー
　ンやレストランチェーンの本社 web サイトを見て，それぞれの日本
　国内の店舗情報を取得し，ひとつの表にまとめるためにデータ形式を
　合わせる方法を考えてみよう。取得するデータとして，以下のものを
　含むこと。
　　• 郵便番号
　　• 都道府県名
　　• 電話番号
　　• 店舗名
2）今後，10年間の間に，どのような人間が行っている単純作業がデー
　タサイエンスを利用した人工知能によって，代替されると予想できる
　か，考えてみよう。
3）（発展課題）データベースの第三正規形への正規化の手順とは何か。
　調査して，まとめてみよう（本書では取り扱っていない）。

14 人工知能の活用と人間理解

辰己丈夫, 角　康之

《**目標&ポイント**》　人工知能は，これまでのデータ理解のための方法とは全く異なる方法を利用して，対象を類別することができるように研究が進められている。この講義で，これまでに学んだ手法とどのように異なるかを述べる。

《**キーワード**》　機械学習，パーセプトロン，ニューラル・ネットワーク

1. 機械学習

(1)「学習」とは何か

　ビッグデータを利用したデータサイエンスが現実のものとなるにつれて，これまでに培われてきた人工知能技術の実用化が花開きつつある。例えば，農作物や漁獲物を出荷前に検査する作業，工場生産品を出荷前に検査する作業，自動車・船・航空機のの運転・操縦，医療現場における診断，通訳・翻訳などなど……さまざまな作業が，人工知能によって行うことができると期待・予測されている。

　これらの多くは単純作業による労働であり，人間の頭を使わなくてもコンピュータで十分に処理できるとされることである。人工知能は，まさに，これらの目的を達成することができる。そして，人間を単純作業から解放することになる，と言える。しかし，実は大きな問題がある。人間を単純作業から解放させるために，人工知能が学習をする必要がある，ということである。

　人工知能研究黎明期にチェッカーゲームを解くプログラムを作ってい

たアーサー・サミュエルは,「コンピュータが経験から学習するように
プログラムすることで,詳細なプログラムを作る必要性を削減できるだ
ろう」と言った。

　トム・ミッチェルの有名な機械学習の定式化によると,学習とは「経
験を通してあるタスクのパフォーマンスが上がること」であり,パ
フォーマンスの向上は「未知のデータに対して,経験後にどれだけタス
クがこなせたか」で測るとされている。

　人間や動物も,未経験なうちは多くの失敗をするが,経験を増すにつ
れて,問題解決能力が上がる。そのとき大事なことは,経験したことと
まるで同じ事象でなくても,過去の経験を応用してある程度の対応が可
能であることである。まるで同じ事象に対して正しく対応できることは
当たり前であり,それだけでは「学習」とは呼ばない。

　では,どうやって限られた経験から,未知のデータにも対応できるよ
うな学習が可能なのか?例えば,生まれてから初めて見た赤い丸いもの
を「リンゴ」であると教えてもらった場合,少し形や色が異なるリンゴ
を見せられたとしてもそれも「リンゴ」であるとは判別できないかもし
れない。逆に,赤くて丸いボールも「リンゴ」と判断してしまうかもし
れない。したがって,いくつかリンゴを見たり,似ているけれどもリン
ゴではないものを見ることを繰り返して,「リンゴ」という概念を獲得
する。

　したがって,うまく学習するには,対象概念の共通属性や法則を見出
し,他の概念との境界線を明らかにすることが必要であり,そのために
は,できる限り多くの事例,つまりデータを与える必要がある。このこ
とは,人間の学習でもコンピュータの学習でも同じである。ただし,現
状では,人間の方が少ないデータ(経験)の量でもうまく学習ができ,
他の状況への応用もうまいと考えられている。一方,コンピュータはよ

り多くのデータ量を必要とし，学習したことを他の状況や対象に応用するのはまだ難しい。しかし，コンピュータの発展に伴い，人間であれば一生かけても経験できないような大量のデータを短時間に経験させることが可能になったため，人工知能が人の能力を超えることが可能になってきた。とは言え，その対象や状況は限定されていることもよく理解する必要がある。

機械学習を利用すると，次のことが可能となるとされている。

- 予測：

過去から現在までのデータから未知あるいは将来の予測をする

- 発見：

過去から現在までのデータからパターン（法則）を発見する

（2）機械学習における「教師あり」と「教師なし」

現在，多くの場合，機械学習という方法を利用して人工知能に学習をさせている。機械学習には，大きく次の2通りがある。

①教師あり機械学習

人間が分類したデータを，その分類ラベルとともに提示し，それを分析する。例えば，人間がネコの画像であると認識している画像と，ネコの画像ではないと認識している画像を大量に用意して，人工知能に学習させる。

②教師なし機械学習

上記のような正解が設定されていないデータを入力して，人工知能に学習させる。この場合は，データのクラスタ分析やデータ傾向を見つけることができる。

教師データを利用しない機械学習には，さらに強化学習と呼ばれる手法がある。これは，人工知能による判断を行う領域に対して，わかりや

すい評価方法を設定することで，評価が高い判断を重視し，評価が低い判断を捨てるという仮定を繰り返し，より評価が高い判断ができるように人工知能を構築する方法である。例えば，テニスゲームのビデオゲーム（テレビゲーム）の場合，「高得点」という評価方法は，人間が判断しなくてもコンピュータで判断できる。そこで，乱数と戦略で決めた操作を，勝利に導くものかどうかを判断するという手法を繰り返し行い，「勝てる戦略」を選び出していく人工知能を構築していくことができる。

　だが，教師あり機械学習と比較して，教師なし機械学習では大量のデータとデータ処理が必要となり，また，膨大な計算能力が必要となるため，対象領域によっては，コストが見合わないことが多い。（囲碁の対局の場合は，コストは問題ではなく，人工知能の性能を誇示（宣伝）する活動であった。）

2．ビッグデータと人間の活動

（1）機械学習と単純作業

　人間の役に立つ人工知能を構築するためには，人間がどのようにしているかをパラメーターとして記録し，学習データとすることが必要になる。特に，（比較的コストが高くない）教師あり機械学習の場合は，まずは人間が正解を選び（教え），それを人工知能が学ぶ。そして，それに同じ（近い）作業を，その後はコンピュータが指示できるようにするのが，現在のデータサイエンスから始まり人工知能に至る情報活用である。

　このことから，単純作業が人工知能によって代替されるまでには，人間が単純作業をどのようにしていたのかを調べる必要がある。この「単純作業」を分析する過程で，人間がどのように考えているのか，人間は

何をどのように見ているのかが明らかになってくると考えられている。

　人工知能の性能向上のために，人間を知る必要がある，ということは，とても反語的な状況であろう。

　人工知能による自動化は，本当に簡単な単純作業から代替され，やがて，複雑な作業へ及ぶと予測されている。したがって，ある程度の複雑な判断が必要となる作業が人工知能に代替されるのは，比較的遠い未来であろうと思われている。ここでは，人間による処理が必要な単純作業のうち，現状で特に過酷な労働とされている「SNS などに投稿された違法画像，違法動画の削除」を例として，議論する。

1) 利用者が，Twitter や Facebook，Instagram，YouTube などを利用して，コンテンツ（文書，画像や動画）を投稿する。

2) そのコンテンツが，サービス対象国での違法性があるものかどうか，そして，SNS 運営事業者が設定しているガイドラインに抵触していないかを，人間が目視などの方法で判定する。

　1 秒間にアップロードされる動画は，世界中で数万秒分を超える動画サイトがあったとする。すべての動画について，このような問題動画・違法動画になっていないかどうかを調べるために，数万人が目視でチェックを行う必要がある。

　実際，多くの SNS 運営事業者が，この業務を必要としているが，内容の適切性の判断には文化的な影響もあり，また，言語情報については語学能力も必要となることから，簡単に担当できる人間を増やすことはできない。

　そこで期待されているのが，人工知能による判断である。すでに，多くの動画が人間によって判断されてきたことから，問題動画・違法動画と判断するデータは揃っている。そこで，これらの動画を教師データとして機械学習させる。

　その後，新しく投稿されてきた動画が問題動画・違法動画に該当するかしないかを判断することが可能となる，というのが，この「単純作業」から人間を解放していく手順であると言える。

　この場合，考えられる問題がいくつかある。

1）それまで問題動画・違法動画とされていなかった動画が，社会情勢の変化などで問題動画・違法動画に判定されることがある。

2）それまでに人間が分類した，どの動画とも似ていない動画を分類できない。

　このような場合を考えると，機械学習による人工知能の構築を行っても，実用段階では，つねに機械学習を行い，学習結果を更新し続ける必要がある，といえる。

3．人工知能を利用する倫理と教育

（1）人間可読性と機械可読性の関連の両立とジレンマ

　上で述べたように，人間可読性と機械可読性は，データを利用する上で重要な性質である。

　人間がデータ処理を行うのは，その処理によって役立つ何かを期待したり，あるいは，その処理によって役立つことがすでにわかっていると

表14-1　人間可読性と機械可読性

性質	人間可読	人間可読でない
機械可読	簡単なデータ 数式	大量のデータ 構造が複雑なデータ
機械可読でない	人間らしい省略 ゆらぎがあるデータ	まだ扱えないデータ

きである。しかし，データの全体像や正確な状況を人間が簡単に把握できない（人間可読ではない）状況では，人間は，機械の判断に従わざるを得ない状況になる。ここで，注意しておくべきことを挙げる。

1）現在の機械では把握が困難な人間らしいデータがあることは事実だが，これは，コンピュータ・サイエンスの発展によって開発される技術によって，解消されていくことが予想される。

2）現在，人間可読なデータが属する領域でも，IoT の導入・進化や，文書作成・プログラミングの普及によって，特別な教育を受けていない人では読めないデータになっていく可能性もある。

現在のコンピュータでは，どのようなデータを集めて，どのように処理するのがよいのかの常識もまた，今後，変化していくと予想できる。未来のデータサイエンスに関わる場合は，このような事情も考慮しておくほうがよいと言える。

（2）教師あり学習への不安

すでに述べたように，教師あり学習を利用した機械学習を用いた人工知能の場合，教師データが判断に影響を与えてしまう。これは，あるシステムに，意図的に「まちがった評価」による機械学習を行ってしまうと，出来上がった人工知能は，まちがった評価を正しいとしてしまう。例えば，あるチャットボット（人間と雑談を行うソフトウェア）に，人種差別や，民族差別となる言葉を「よい言葉」として学ばせると，そのチャットボットは，人種差別や民族差別を口走るようになる。

このことから学び取るべきこととして，次のことを挙げる。

①（情報セキュリティの観点）　機械学習を利用するシステムは，好ましくないデータを与えられても，それを学ばないように，対策しておく。

② （情報倫理の観点）　好ましくないふるまいを引き起こすような教師データを，機械学習に与えるべきではない。

③ （リスクマネジメントの観点）　好ましくない教師データによって，「人工知能などのシステムがおかしな判断をしていること」に人間が気がつけるようにしておくべきである。また，人間が気がついたときには，直ちに，それを完全に止めることができるようにしておくべきである。

　とくに，情報技術の特性・データサイエンスの特徴について，余り多くを学んでいない人（それは，2020年時点では，ほとんどの人が該当する）を対象としたシステムを運用する場合，狙った／意図した方向に誘導する行為，マーケティングに利用する行為などに注意をしておくべきであろう。

　また，社会教育としての消費者教育や，学校教育の観点では，機械学習によるシステムの動作変化の原則を学べるようにしておくべきであろう。

4．ニューラルネットワークによる分類課題の学習

　ここでは，機械学習の代表的な課題である分類問題を例に挙げて，ニューラルネットの動作を説明する。

　次の例題を考えてみよう。

例：ある病気が流行っている国に A とラベルをつけ，その病気が流行ってない国に B とラベルをつけた。次に，それらの国について，人口密度を x_1 に，平均気温を x_2 に取った散布（図14-1）を得た。

　病気が流行っている国なら，$h(x_1, x_2) = 1$ となり，流行っていない国なら $h(x_1, x_2) = 0$ と分別する点線を引けるように，関数を作れ。

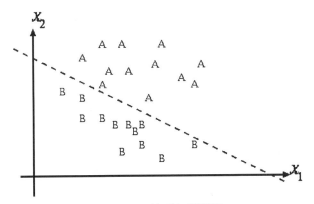

図14-1　線形分離問題

(1) パーセプトロン

　ニューラルネットワークは，その名の通り，生物の脳の神経細胞の
ネットワークを模した計算モデルである。ここではまず，ニューラル
ネットワークの最も単純で代表的なパーセプトロンを紹介する。パーセ
プトロンは，1957年，ローゼンブラットによって考案された。

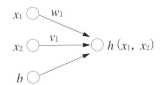

図14-2　単層パーセプトロンのモデル

　ここでは，2つの値を入力とし，1つの値を出力とする，非常に単純
な次の式を考える。

$$h(x_1,\ x_2) = f(w_n x_1 + v_n x_2 + b_n)$$

ここで，w_1, w_2, $\cdots v_1$, v_2, $\cdots b_1$, b_2, $\cdots$の値の決め方は，これから述べる。

$f(u)$は，活性化関数と呼ばれている関数であり，単層パーセプトロンでは，次の式で定義されるステップ関数を用いる。

$$f(u) = \begin{cases} 1 & (u > 0 \text{のとき}) \\ 0 & (u \leq 0 \text{のとき}) \end{cases}$$

1）（乱数などで）$w_1 = 1$，$v_1 = 1$，$b_1 = 0$と設定し，グラフのある国について，望む結果が得られているかどうかを調べる。

2）その結果がよくない場合は，w_2, v_2, b_2の値を，ある手続きに従って設定し直し，再び同じことを行う。

3）これを繰り返して，病気が流行っている国なら，$h(x_1, x_2) = 1$となり，流行っていない国なら$h(x_1, x_2) = 0$になるまで，w_i, v_i, b_iを書き換える。ただし，最初の国のデータも利用する（結果を維持する）ように，w_i, v_i, b_iを書き換える。

4）これを，すべての国について計算すると，最終的に，図14-1の点線を表す直線を引くことができる。

なお，どの国で病気が流行っているのかいないのかは，人間がシステムに学習させるもとになるデータであり，教師データと呼ばれる。そして，このようにして得られた関数が，最適化された状態であると呼ぶ。書き換える際の「ある手続き」が，機械学習のアルゴリズムの根幹である。

もし，これができると，未知の国のデータを入手すれば，その国で，その病気が流行るか，流行らないかを判断できる。

なお，上の例にある x_1, x_2では，わずか2個の変数で，20個程度の国を教師データとして利用したが，実際に学習させるときは，もっと多く

の変数ともっと多くの教師データを利用して，いわば天文学的な個数の
データを利用して，この作業を行っていく。

（2）単層パーセプトロンの限界

　例えば，x_1, x_2は0か1のいずれかの値しか取らないとし，次の（す
でにわかっている）関数を考える。

$$A(x_1, x_2) = \begin{cases} 1 & (x_1 = 1 \text{ かつ } x_2 = 1 \text{ のとき}) \\ 0 & (\text{それ以外のとき}) \end{cases}$$

　これは，論理学で言う論理積（AND）を表す関数である。そして，
以下の式が成り立つような機械学習を行うことは可能である（図14-3
左）。

$$A(x_1, x_2) = h(x_1, x_2)$$

　だが，次の関数 $E(x_1, x_2)$を，この方法で作り出すことができないこ
とがわかっている（図14-3右）。

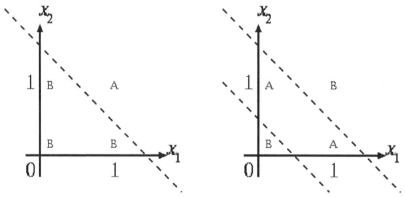

図14-3　左（AND）は1本で分離可能。右（XOR）は1本で分離不可能

$$E(x_1, x_2) = \begin{cases} 1 & (x_1 か x_2 のどちらかだけが 1 のとき) \\ 0 & (それ以外のとき) \end{cases}$$

これは，排他的論理和（XOR）と呼ばれる論理関数である。このように，基本的な論理関数を作り出すことができないということが，単層パーセプトロンの限界である。

そこで，この問題を解決するために，いくつもの提案があり，その1つが多層パーセプトロンである。ただし，以下では話をより一般化するため，出力層を1ニューロンに限るパーセプトロンではなく，出力層が複数ニューロンで構成されるニューラルネットワークとして説明する。

（3）多層ニューラルネットワークによる学習

多層ニューラルネットワークについて説明する。まず話を簡略化するために，3層のニューラルネットワークの例で説明する。

ここでは，"0"から"9"までの手書き数字を正しく読み取るための判別器を3層ニューラルネットワークで実現することを考える（図14-4）。手書き文字は同じ"4"でも様々な形状が考えられ，その判別基準をルールで書き下すことは極めて難しい。そこで，数多くの手書き文字の画像を，それに対応した記号（ここでは数字）とセットで次々に読み込ませてネットワークを学習させ，新規の手書き数字も「それなりに」判読できるようにしよう，という考え方である。

入力層には，一文字の手書き文字の画像データが入力される。例えば，画像を$16 \times 16 = 256$ピクセルに分割して各ピクセルの値を1もしくは0で入力することにするのであれば，入力層には256個のニューロンが並ぶ。出力層は，"0"から"9"までの判別結果を出力するために10個のニューロンが並ぶ。それぞれが数値を持ち，一番大きな数値を出

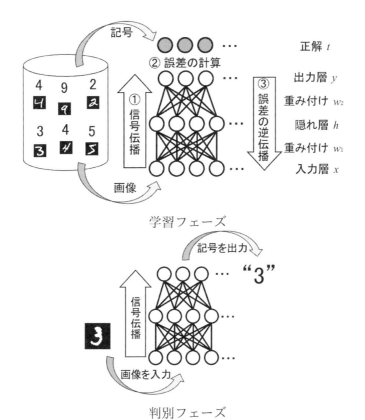

図14-4　3層ニューラルネットワークによる手書き数字の判別

したニューロンに対応した数字を判別結果とする。

　2つの層の間には隠れ層とよばれる層があり，そこにも多くのニューロンが並ぶ。ここでは，入力層と同じ数のニューロンが並び，入力層から隠れ層，隠れ層から出力層のすべてのニューロン間がリンクで接続されていることとする。

　各リンクには重み付けがある。隠れ層へは，入力層の各ニューロンの

値に重み付け w_1 が掛け合わされた数値が伝達する。次に，出力層へは，隠れ層の各ニューロンの値に重み付け w_2 が掛け合わされた数値が伝達する。したがって，画像を入力すれば，それが隠れ層，次に出力層へと値が伝播し，何らかの出力がなされる。しかし，重み付け w_1 と w_2 がでたらめなうちは，出力される記号判定は間違えばかりであろう。

　そこで，ニューラルネットワークの学習を行う。よく使われている方法は誤差逆伝播法である。この方法は，その名の通り，誤差を逆方向に伝播させる。具体的には，出力層の値と，正解の値の誤差を出力層から隠れ層，隠れ層から入力層へと逆方向に伝播させながら，その誤差が減る方向へ少しだけ重み付けを変えていくのである。つまり，ニューラルネットワークの「学習」とは，ニューロン間の重み付けの値の変化である。

　その手続きを，データ 1 セットごとに行う。10文字の数字（記号）が判別できるようになるには，例えば，数万枚の画像（と正しい読み方）を「見せる」必要がある。それについて，数回繰り返すのが理想的なので，学習フェーズでは膨大な計算量が必要であることがわかるであろう。

　学習が進むと，重み付け w_1 と w_2 はある値に落ち着き，それ以上変化しなくなる。つまり，誤りがなくなり，学習セットについては正しく判別結果を出せるようになる。そうなると，未知のデータ，つまり，学習セットには含まれていない手書き文字を入力しても，ほぼ正しく数字（記号）を判別できるようになる。

　学習フェーズでは膨大な時間がかかったのに対して，判別フェーズでの計算は一瞬で終わる。なぜなら，入力層から隠れ層，隠れ層から出力層への計算を一巡するだけで済むからである。このことは，人間の学習に類似している。つまり，学習時には多くの例題に取り組み，間違いも

経験しながら時間をかけて学習する。しかし，いったん正しい判別ができるようになると，未知の状況に接しても一瞬で判別できる。

　ここでは説明のために，数字の手書き文字判別を説明した。これは，10個の正解のいずれかを選ぶ判別問題であった。ここで紹介した誤差逆伝播法は1980年代には確立されていた。しかし当時は，計算資源の限界から，ここに紹介した程度の問題を解くのがやっとであった。最近のコンピュータの発展に伴い，規模の大きなニューラルネットワークの学習が可能になり，もっと複雑な画像や音声などの判別も可能になった。

（4）　多層化への展開：ディープニューラルネットワーク

　2010年代に入ってからの第3次人工知能ブームの主役は，ディープラーニングである。何が「ディープ」なのかと言うと，ニューラルネットワークの階層の深さを指している。したがって，ディープニューラルネットワークという呼び方の方が正確であろう。

　ディープニューラルネットワークの研究は日進月歩であり，限られた紙面で説明することは難しいので，ポイントだけ紹介する。ニューラルネットワークの多層化を深めれば，より複雑な問題に適用できるであろうことは，直感的には古くから指摘されていた。しかし，以前はそれを実装して試してみるための計算資源が足りなかった。また，計算資源が許される時代になり，いざ多層ニューラルネットワークで試してみても，単純に出力層から誤差逆伝播させるだけでは，学習が入力層まではたどり着かず，学習効果が上がらなかった。

　ひとつのブレークスルーは，1989年にルカンらが提案し，その後急速に発展した畳み込みニューラルネットワークである。これは，入力層に与えられた画像の要素を構成する特徴を学習する「畳み込み層」と，大きな画像を重要な情報だけを残して縮小させる「プーリング層」を複数

組重ね合わせる。そうすることで，入力層に近い隠れ層では，画像に含まれる複数の局所的な特徴が現れ，出力層に向かうにつれて，それらを組み合わせた大局的な特徴が表現される。そして，任意の写真を入力すると，猫に反応するニューロンや，自動車に反応するニューロンが自動的に現れてくるのである。

　多種多様な画像に対して，猫や自動車を見分けるために注目すべき「特徴」を見出すことは大変難しい。画像処理に限らず，音声処理，自然言語処理など，人間や生物の知能に関わる能力を左右するのは，判断基準となる「特徴」を見出すことである。これまでの人工知能研究では「特徴」を思いつくのはあくまでも人間であったが，昨今のディープニューラルネットワークでは，注目すべき特徴を自ら見出し，学習する。このことが，現在の人工知能ブームの本質的な意義である。

参考文献

松尾豊『人工知能は人間を超えるか　ディープラーニングの先にあるもの』KADOKAWA（ISBN978-4-04-080020-2）（2015）

松本一教・宮原哲浩・永井保夫・市瀬龍太郎『人工知能（改訂2版）』オーム社（ISBN978-4-274-21949-8）（2016）

演習問題

1) 機械学習の得意な分野は何か。調査したり，自分で考えてみよ。
2) 人工知能が社会に多く取り入れられるようになることで，職業が失われるという器具がされているが，一方で，人工知能を使う新たな職業が発生すると言われている。どのような職業が考えられるか。
3) 図14-3を参考にして，OR（または）と，NAND（否定的論理積）のそれぞれについて，線形分離可能か，不可能か，根拠を示して述べよ。

解 答

1) 教師データがはっきりしているものは機械学習に適している。例えば，写真に写っている人物や事物を特定したり，迷惑メールを判別するといったことは，適宜ユーザに判断を仰ぐことでパフォーマンスを上げることが期待できる。
2) 例えば，人工知能を利用するためのデータをモデリングする仕事や，人工知能を動作させる情報基盤を整備する仕事などが考えられる。他にもさまざまな業務がある。(略)
3) いずれも，図14-3に類似の図を作ればよい。

OR は，1 OR 1 = 1，1 OR 0 = 1，0 OR 1 = 1，0 OR 0 = 0 なので，線形分離可能である。

NAND は，1 NAND 1 = 0，1 NAND 0 = 1，0 NAND 1 = 1，0 NAND 0 = 1 なので，線形分離可能である。

15 | まとめと展望

仁科エミ，辰己丈夫

《**目標＆ポイント**》　本書の内容を振り返るとともに，情報通信技術が人間および社会に及ぼす今後の影響について展望する。
《**キーワード**》　情報通信技術，人間理解，人類史

1．人間理解という観点からみた情報技術の課題

本書では，ここまで，人間を理解するという目標について，情報学の観点から考察してきた。特に，情報技術の進化・発達・普及が果たす枠割は大きい。これまでに述べてきた内容を振り返りつつ，改めて整理してみよう。

（1）遺伝子・脳と情報（第 2 章～第 6 章）

人間による知的活動としての情報概念が成立する以前から，遺伝子は，生物の種の継続，そして進化，及び，生物の体内情報を管理する重要な情報メディアであった。わずか 4 種類の塩基を組み合わせて構成される DNA，RNA の構成が，新たに生まれる個体の特徴に大きな影響を与える。このようになっているからこそ，ヒマワリの種を植えてアサガオが育つことはなく，イヌがネコを出産することもない。我々人間が，その人間らしさを種として保ち続けていけるのもまた，遺伝子があるからこその現象である。

そこで，本書の第 2 章から第 4 章では，遺伝情報，そして，その情報

が体内でどのように伝達されていくかの仕組みを追った。ここからわかってくるのは，生物が常に情報伝達を行って身体を維持し，そして，種を保存しようとしていること，そして特に，人間はそうした情報活用の点で非常に巧みな手法を実現するよう進化してきた，ということである。同時に，一見無限にもみえる人間の適応行動には生物としての限界があり，時として情報技術がそうした人間の本来性と抵触する側面もあることも示唆された。第5章，第6章では，そのような人間の体内情報処理の特徴と，そうした知見が情報技術に及ぼす影響を示す例として視聴覚メディアを取り上げた。情報技術による人間理解の深化が，情報技術自体を変革していくプロセスを，実例とともに考察した。

（2）社会と情報技術（第7章〜第10章）

多くの生物は，単独で生きることもできるが，雌雄が出会うことで種を保存していく。また，食料を確保するために共同作業を行うこともある。そのため，必然的に社会を形成する。特に，人間が作り出す社会は，言語を利用したコミュニケーションが重要な役目を果たしている。言語を広く捉えれば，身振り・手振りなどのジェスチャーも意思を表す記号を利用した言語の一種であり，さらに，簡単な日常会話から，フォーマル（形式張った）会話などの音声会話，そして，文字を利用した文書や，ピクトグラム（絵文字）などもコミュニケーションに利用される。

我々人間が利用するコミュニケーション手段の多くは，観察によってデータ化することができることから，コミュニケーションの内容をコンピュータによって処理させたり，人間のコミュニケーションを補助することも可能となる。例えば，ワードプロセッサは，文字情報をデジタルデータにして処理するソフトウェアである。また，ロボットは動作情報

をアクチュエーター（モーターによる関節装置）によって表現する情報システムの一種である。

　また，我々の日常の活動を，ライフログという方法で記録することができる。これは，コミュニケーションのみならず，GPS などの位置情報を利用して，携帯電話ネットワークや WiFi を利用してつねにインターネット上のサーバーに記録を残していく。ライフログを解析することで，人間が，どのように行動しているのか，どのように情報を活用しているのかを分析できるようになる。

　このようにして，これまでの人間社会から，コミュニケーションや動作を代替した情報機器が作り出す新しい社会が現実のものになりつつある。それは，「社会」という概念を大きく変えていくことになるとも言える。

（3）未来の情報技術からみる人間（第11章〜第14章）

　未来の情報技術は，一体どのようなものか。人間を理解するために情報技術がどのように活用されるだろうか。

　本書執筆時点では，特に，AI（人工知能）による知能支援技術と，ロボットによる動作支援技術の研究が活発に行われている。AI は，人間が考えるのと同じ目的の知的活動を代替する情報システムである。AIを利用することができるようになるためには，データサイエンスと呼ばれている情報の科学的特徴を前提としたシステムを構築することになる。その際には，人間が関わるデータをコンピュータに扱いやすいように加工するデータクレンジングや，ビッグデータ（従来のコンピュータでは扱うことができないほどの大量のデータ）を処理するコンピュータシステムとネットワークシステムも必要となる。

　現在は，第 3 次 AI ブームが訪れている。活発に研究されているの

は，人間の脳細胞の状況を模倣したニューラルネットワークである。その基本的要素はパーセプトロンと名付けられている。しかし，ニューラルネットワークだけでは知的問題を解決することができない。第3次AIブームの中心となっているのは，このニューラルネットワークを利用した仕組みに機械学習を取り入れ，さらに，ニューラルネットワークの処理層を何段も重ねていくことで実現できるディープラーニング（深層学習）という方法である。

　このことは，非常に興味深いことを示唆している。すなわち，単に人間の脳細胞の動きを模倣したアルゴリズムに基づく計算をしても，知的な問題を解決することはできない。人間が得意としていない確率的な振る舞い，特に相関や因果を処理しながら，処理手法を改善していく機械学習があってはじめて，人間が目的とする問題解決と同じような問題を解決することができるようになるのである。

　ただし，本書執筆時点でも，AIの研究では，まだまだ未解決なことが多い。例えば，人間が瞬時に認知して判断する行為をAIで模倣しようとするなら，非常に大型のスーパーコンピュータが必要になり，また，人間と同じ程度の時間では結論が出ない状況である。ただし，このような計算速度や計算規模の拡大は，工業技術の深化に伴って，いずれ，解決すると予想されている。

（4）倫理的・道徳的な課題

　第12章で特に重点的に述べたが，情報技術を利用して人間を理解しようとするには，倫理的・道徳的な課題を避けて通ることはできない。情報技術によってもたらされる社会が，倫理的・道徳的に許容される社会であるかという問題となる。また，これらの研究・調査活動において，倫理的・道徳的に許されない方法を利用していないかも，課題として浮

かび上がる。

　例えば，情報技術によって作り出そうとしている社会が，人種差別・民族差別などのさまざまな差別を許し，個人のプライバシーを侵害し，人命軽視を許容し，地球環境を壊滅的に破壊しようとする社会であってはならない。調査手法においても，同意・合意なく知的財産や個人情報などを利用することは避ける必要があり，また，分析においては，過重労働に代表される非人間的な業務によって行われないようにすべきである。

2．人類史からみた現代の情報技術

　時間軸の取り方によって，同じ事象でも見え方は大きく異なる。「ここ数十年」というスパンで観れば，情報技術の進展は著しく，本書執筆時点における新技術も，あっという間にごく普通のものに陳腐化するに違いない。こうした情報通信技術の大きな変化に，私たちは翻弄され続けている。

　「ここ数世紀」というスパンで観れば，15世紀に起こったヨハネス・グーテンベルクによる活版印刷の発明による「印刷革命」，18世紀半ばから起こった蒸気機関という新たな動力源の普及による工業化「産業革命」，そして，20世紀末から現在にいたるパーソナルコンピュータとインターネットが主導する「情報通信革命」，というように，革新的な技術は，私たちの行動，そして社会の在り方を不連続的に大きく変化させ，豊かにしてきたと考えられてきた。なかでも，情報通信技術が社会に及ぼす変化は，その内容やスピード両面で，人類史的に例のないものといえる。

　さらに，より長期的な人類史的視点に立って観ると，地球生命の誕生

はいまからおよそ35億年前，動物の出現は約6億年前，哺乳類が出現したのは約2億年前といわれる。霊長類が出現したのが今から約7〜5千万年前，大型類人猿の祖先が地球上に登場したのは今から約2千万年前とみられている。私たちとほぼ同じ遺伝子をもつ現代型ホモ・サピエンスは今から21〜16万年前，アフリカの熱帯雨林で誕生したと考えられている。そしてホモ・サピエンスが熱帯雨林を出て農耕を開始したのは，およそ1万数千年前にすぎない。

　ホモ・サピエンス誕生を午前0時，現在を24時とする1日時計に例えると，農耕の開始は22時10分過ぎ，コンピュータが開発されたのは23時59分過ぎの出来事となる。それほど情報技術の発展は短期間に起こった大きな変化ともいえる。

　そうした技術の発展をもたらしたのは，西欧に起源をもつ科学技術文明に他ならない。そして科学技術文明が地球の前途を危うくしつつある現在，文明のあり方を改めて問い直し，見直そうという動きが始まっている。たとえば文明学者ジャレド・ダイヤモンドは，農業がヨーロッパで広がるペースは1年に約1kmと極めて遅かったことや，アフリカの狩猟採集民ブッシュマンが食糧を得るために費やす時間は週平均12〜19時間ほどでしかなく，現在の狩猟採集民が農耕民よりも不自由な生活を送っているとはいえないことを指摘し，「一万年前に狩猟をやめ，農業を始めた人びとの生活がよくなったと，いったいどうやって明らかにすることができるだろうか」と農耕の開始を手放しで賞讃することを斥け，文明に疑問と否定の目を向けている（→参考文献1）。

　歴史学者ユヴァル・ノア・ハラリは，狩猟採集社会を「原初の豊かな社会」と位置づけ，「個人のレベルでは，古代の狩猟採集民は，知識と技能の点で歴史上最も優れていた」「今日，豊かな社会の人は毎週平均して四〇〜四五時間働き，発展途上国の人びとは毎週六〇時間あるいは

毎週八〇時間働くのに対して，今日，カラハリ砂漠のような最も過酷な生息環境で暮らす狩猟採集民でも，平均すると週に三五〜四五時間しか働いていない。」と指摘している（→参考文献２）。

　このような狩猟採集社会の人びとの生き方を，文化人類学者マーシャル・サーリンズは「過少生産様式」と名付けている（→参考文献３）。最低限の装備しかもたず，労働よりも余暇を貴びながら，必要十分のエネルギー源を確保し，十分に満足しているという狩猟採集民については，多くの研究報告がある。一方，こうした枠組みをぬけ出した有力な文明型の生き方を，サーリンズは「生産強化様式」と名付けた。余暇よりも労働を貴び，物質的な豊かさを目指すこの社会の延長線上に，現代の社会は位置付けられる。今後，情報技術がこうした私たちひとりひとり，そしてその社会の在り方をどのように変えていくのか，人類史的な観点からの吟味が必要なのではないだろうか。

3．それでも情報技術は進化する

　このように，生物は情報を利用して進化し，さらに，人間はそれを知的な対象として利用して，さまざまな社会を構成してきた。すなわち，情報によって，生物としての人間も，社会の中の人間も，成り立ってきたと言っても言い過ぎではない。

　視点を変えると，情報技術が実現しつつある労働時間の短縮や労働と余暇との境界線の希薄化は，人類本来の狩猟採集民のライフスタイルに実質的に接近する営みと同義となっていることも見逃せない。

　情報技術の自己運動として，情報技術はこれからもより一層，発達していくに違いない。その際，情報技術によって導かれるより深い人間理解は，より「人にやさしい」つまり人間に過剰な適応を強いることの少

ない技術の実現に資することが期待される。

参考文献

1　ジャレド・ダイヤモンド『若い読者のための第三のチンパンジー』草思社
　　（2017）
2　ユヴァル・ノア・ハラリ『サピエンス全史』河出書房新社（2016）
3　マーシャル・サーリンズ『石器時代の経済学』法政大学出版会（1984）

学習課題

1）情報通信技術が個人や社会に及ぼしているプラス・マイナスの影響
　について，思いつくものを列挙し，そのマイナスを解消するにはどう
　したらよいか考えてみよう。
2）健やかで快適な人間生存のために，どのような情報通信技術が貢献
　できるか考えてみよう。

索 引

●配列は五十音順，＊は人名を示す。

分担執筆者紹介

二河　成男（にこう・なるお）

・執筆章→2・3

1969年	奈良県に生まれる
1997年	京都大学大学院理学研究科樽士課程修了
現在	放送大学教授・博士（理学）
専攻	生命情報科学・分子進化
主な著書	初歩からの生物学（共編著　放送大学教育振典会）
	動物の科学（共編著　放送大学教育振興会）
	進化一分子・個体・生態系（共訳　メディカル・サイエンス・インターナショナル）
	生物の進化と多様化の科学（編著　放送大学教育振興会）
	色と形を探究する（共編著　放送大学教育振興会）
	生命分子と細胞の科学（編著　放送大学教育振興会）

角　康之（すみ・やすゆき）

・執筆章→7・8・14

1990年　　早稲田大学理工学部電子通信学科卒業
1995年　　東京大学大学院工学系研究科情報工学専攻修了，博士（工学）
1995～2003年　ATR（国際電気通信基礎技術研究所）研究員
2003年～2011年　京都大学情報学研究科准教授
現在　　　公立はこだて未来大学システム情報科学部教授
主な著書　社会知デザイン（共著，オーム社）
　　　　　情報社会とデジタルコミュニティ（共著，東京電機大学出版局）

稲葉利江子 （いなば・りえこ）

・執筆章→9・10・11

1998年	日本女子大学理学部数物科学科卒業
2003年	日本女子大学大学院理学研究科数理物性構造科学専攻博士後期課程修了，博士（理学）
現在	津田塾大学准教授
主な著書	情報教育シリーズ「マルチメディア表現と技術」（共著，丸善）
	Language Grid: Service-Oriented Collective Intelligence for Language Resource Interoperability（Cognitive Technologies）（共著，Springer）

編著者紹介

仁科　エミ（にしな・えみ）

1984年	東京大学文学部西洋史学科卒業
1991年	東京大学工学系大学院都市工学専攻博士課程修了，工学博士
現在	放送大学教授
主な著書	感じる脳・まねられる脳・だまされる脳（共著，東京化学同人）
	Inter-areal Coupling of Human Brain Function（共著，ELSEVIER）
	音楽・情報・脳（共著，放送大学教育振興会）

辰已　丈夫 <small>（たつみ・たけお）</small>
———————————————————————— ・執筆章→1・12・13・14・15

1997年　早稲田大学大学院理工学研究科数学専攻博士後期課程退学
2014年　筑波大学大学院ビジネス科学研究科企業科学専攻博士後期
　　　　課程修了
現在　　放送大学教授・東京大学非常勤講師・千葉大学非常勤講
　　　　師，博士（システムズ・マネジメント）
主な著書　情報化社会と情報倫理［第2版］（単著，共立出版）
　　　　　情報科教育法［改訂3版］（共著，オーム社）
　　　　　キーワードで学ぶ最新情報トピックス2019（共著，日経BP）

放送大学教材　1950037-1-2011（テレビ）

情報技術が拓く人間理解

発　行　　2020 年 3 月 20 日　第 1 刷

編著者　　仁科エミ・辰己丈夫

発行所　　一般財団法人　放送大学教育振興会
　　　　　〒 105-0001　東京都港区虎ノ門 1-14-1　郵政福祉琴平ビル
　　　　　電話　03（3502）2750

Printed in Japan　ISBN978-4-595-32215-0　C1355